T0074294

Francesc Gascó Lluna

Eso no estaba en mi libro de Historia de los Dinosaurios

LIBROS
EN EL
BOLSILLO

www.editorialguadalmazan.com
info@almuzaralibros.com
Síguenos en @AlmuzaraLibros

Impreso por Black Print
Libros en el bolsillo: Óscar Córdoba

I.S.B.N: 978-84-17547-75-2
Depósito Legal: M-13104-2022

Código BIC: WNA; PDZ
Código THEMA: WNA; PDZ
Código BISAC: SCI054000

Impreso en España - *Printed in Spain*

A mi madre, mi mayor apoyo, mi mayor
fan incondicional, sin la que nunca habría
llegado a lograr nada en la vida. Gracias
por alimentar junto con papá cada una
de mis obsesiones. Gracias por dejarme
elegir mi camino e infundirme ese espíritu
de trabajo duro y disciplina. Te echo de
menos cada día, a todas horas.

PRÓLOGO
POR ELENA CUESTA

Recuerdo perfectamente el día que Francesc Gascó, al que me referiré como Paco a partir de ahora, por una cuestión de costumbre, me daba la noticia de que iba a ser el autor de un volumen sobre dinosaurios dentro de la famosa colección de «Eso no estaba en mi libro de Historia». Nos encontrábamos disfrutando del que fue el último congreso de Paleontología presencial antes de la horrible pandemia que ha asolado el mundo, la Palass 2019 en la localidad natal de Paco, Valencia. Allí, sentados los dos en un rincón de la sala de descanso, hablamos sobre cómo sería esta experiencia para él y sobre la ilusión que tenía por este proyecto y, obviamente, sobre los nervios que sentía por conseguir plasmar todo lo que acontece a la historia de los dinosaurios desde una percepción fresca y amena. Al fin y al cabo, el objetivo de estas obras es contar aquello que nunca antes habíamos leído sobre un tema concreto, en este caso, sobre dinosaurios. A mí, personalmente, me parecía una labor dificilísima, los dinosaurios están tan presentes en la cultura popular, especialmente en el público denominado *Dinofan* o *Dinomaníaco*, que no sabría distinguir que cosas son conocidas y cuales son un misterio para el público general. Pero no dudaba, ni por un minuto, que Paco era la persona ideal dentro de mi generación para llevar a cabo este cometido. Tengo la suerte de conocerle desde hace más de 10 años y desde que leyó su DEA (el trabajo previo a la tesis doctoral que era obligatorio en el sistema educativo anterior) le he visto evolucionar y madurar como científico en general y paleontólogo en particular. En investigación, definiría a Paco como una persona extremadamente curiosa, con miles de preguntas y de respuestas en su cabeza, un apasionado de su profesión que no se conforma con llegar a una meta, sino que la supera. Pero es en divulgación donde tengo que elogiarle más aún ya que es donde ha creado su «nicho ecológico» en los últimos años. ¡Y qué pedazo de nicho! Estoy convencida de que si hiciese una encuesta por la calle sobre divulgadores y divulgadoras de ciencia, Paco saldría siempre en el top 10 de los más conocidos. Y es que su personalidad curiosa, su humildad y la extraordinaria pasión que siente por su trabajo son los ingredientes fundamentales que hacen que sus explicaciones divulgativas sean claras, apasionadas, interesantes y que llegan tan fácilmente a cualquier persona curiosa sobre dinosaurios. Esta asombrosa habilidad de contar y transmitir sus conocimientos está plasmada en cada una de las páginas que contiene este libro. Mientras lo leía y me sumergía en sus palabras, podía ver un poco de Paco en cada una de ellas. Durante su lectura, Paco consigue llevarte de la mano por un recorrido extenso de la historia de la humanidad asociada a la paleontología. Incluso para mí, que como Paleontóloga que soy la mayoría de la información no es completamente nueva, ha conseguido que me enganche, me asombre y aprenda en cada uno de sus capítulos. Y es que, más allá de los descubrimientos reconocidos del siglo XIX por grandes paleontólogos como *sir* Richard Owen o William Buckland, el libro recoge un sinfín más de temas que deslumbrarán a los lectores, desde historias mitológicas asociadas a los fósiles dentro del conocimiento de diversas culturas en cada uno de los continentes hasta un capítulo de

Criptozoología y la importancia de los dinosaurios en ella, analizado siempre desde un punto de vista científico. Cabe destacar además, que el papel de la mujer en la historia de la paleontología, tan oculto en muchos escritos previos, es en este libro sacado a la luz con el reconocimiento de mujeres que fueron claves para algunos descubrimientos o expediciones, como es el caso de Mary Anning.

Además de este largo recorrido por esta historia de descubrimientos, la historia de los dinosaurios no sería la misma sin su huella en la *Dinomanía* de la cultura popular. Por ello, el libro recoge además una amplia mirada a la literatura y el cine que ha honrado a los dinosaurios, no sólo en obras actuales y contemporáneas, sino también en obras clásicas, ¡incluso citando al mismísimo Dickens! Y es que los dinosaurios fascinan a personas jóvenes y adultas desde hace siglos y el papel del cine o la literatura ha sido clave para engrandecer aún más, si cabe, su importancia en nuestras vidas. En este tema, doy fe de que Paco es un gran admirador de todas las obras que engloban la temática dinosauriana, ya que he tenido el placer en nuestra amistad de compartir nuestra pasión por ello en más de una ocasión. Pero aparte de todo lo anterior, si tengo que destacar una característica de este libro es, sin duda, que este recoge muchísima información de la paleontología de la península ibérica. A veces me he visto sorprendida en mi profesión de como tanta gente que acude a nuestras charlas se asombra de que haya un registro fósil tan rico y diverso en España y Portugal, dejando en evidencia que, muchas veces, lo más cercano es lo más desconocido. Por ello, agradezco a Paco su gran labor a la hora de recapitular los grandes hallazgos ibéricos entre estas página, poniendo en su sitio en la historia la labor que hacemos los paleontólogos y paleontólogas que nos dedicamos a este fascinante registro fósil.

Tanto si ya eres una persona amante de los dinosaurios como si esta es tu primera aproximación a este tema, esta obra es, sin ninguna duda, de lectura más que recomendada. Seguro que por más que supieses de dinosaurios hasta ahora, encuentras en ella miles de datos que desconocías y que harán que tu visión de estos admirables animales, así como de la ciencia que los estudia, cambie para siempre.

PRÓLOGO POR JAVIER SANTAOLALLA

Soy físico de partículas. Si te preguntas qué es esto te lo puedo intentar resumir, estudiamos la composición de la materia en partículas y sus interacciones, es decir de que está formado el universo y cómo se agrupan estas partículas para formar todo lo que vemos. Aunque si quiero resumir realmente en muy pocas palabras a qué se dedica un físico de partículas suelo decir que somos paleontólogos del cosmos.

Sí, así es, paleontólogo como mi amigo Francisco Gascó, autor de este delicioso libro. Porque la mayor parte de las partículas que existen en el universo, al igual que los dinosaurios, desaparecieron hace muchísimo tiempo, en este caso aún más, hablamos de miles de millones de años. Nuestro objetivo al igual que el de ellos es reconstruir cómo eran las partículas antes para poder entender mejor el universo. Y para conseguirlo nosotros los físicos de partículas, al igual que hacen los paleontólogos, tenemos que hacer uso de toda la información que ha llegado a nuestros días. En su caso huesos, fósiles y modelos, en el nuestro, radiación residual, detección y muchas matemáticas. No, la analogía no es tan forzada como pudiste pensar al inicio.

Pero seré honesto, el lector lo merece. Si cuando tengo que explicar mi profesión recurro a la del paleontólogo es por franca envidia. El mundo de la paleontología tiene todo lo que cualquier investigador querría para su campo. Tiene la magia del misterio, algo que ocurrió en el pasado a lo que no podemos acceder; tiene la acción de la aventura, de la búsqueda, muchas veces en lugares salvajes, alejados de la civilización; tiene el poder de la imaginación, con animales temidos, más poderosos y temibles de lo que jamás hemos visto nosotros en la Tierra. Y con todo ello obviamente tiene el favor del público, el cariño de la gente y muy en especial la admiración y el asombro de la infancia. El mundo dino tiene un lugar en el corazón de todos nosotros. Grandes sagas como *Parque Jurásico* o las películas animadas de Disney, o los picapiedras, lo han garantizado. ¡Quién no se rinde al encanto de la dinosauromanía!

Pero eso no es sino la puerta de entrada a un maravilloso mundo científico. Un lugar donde la imaginación, el misterio, el arte, el ingenio, pero en especial el pensamiento científico se dan la mano. Y este libro es un maravilloso ejemplo y un fenomenal punto de partida. Viajarás al pasado a conocer los orígenes de la paleontología con el descubrimiento de los primeros huesos cuando ni siquiera la evolución era una idea, serás testigo de la acelerada carrera por encontrar nuevas especies que dio lugar a la llamada «guerra de los huesos», vibrarás con las primeras reconstrucciones, las primeras teorías, las primeras recreaciones, hasta formar lo que es hoy, un área científica próspera, sólida, que no solo ha conseguido establecer unos firmes cimientos científicos sobre los que basar la biología de seres extintos (piensa un momento lo que esto significa y el mérito y valor que algo así tiene) sino que hoy también se muestra como una de las ramas de la ciencia más activa y con más resultados significativos. La paleontología está más viva que nunca.

Así que estás de enhorabuena. Como Francisco bien dice en este libro estamos ante una nueva revolución en la paleontología, una era dorada con grandes descubrimientos, y tú, querido lector, tienes asiento de primera fila para este espectáculo. Solo tienes que relajarte, dejarte llevar por la imaginación y disfrutar. Estás en el momento y lugar apropiados, y en la mejor compañía. Te lo dice un paleontólogo del cosmos.

Montaje del primer esqueleto de Iguanodon bernissartensis en la Capilla de San Jorge en Bruselas en el año 1882 bajo la dirección de Louis Dollo. En estos días, los iguanodontes de Bruselas se han convertido en especímenes de museo en más de una forma, lo que ilustra la evolución de montar tales animales en museos en el siglo XIX. Foto: Aimé Rutot (conservador del museo en 1882, geólogo).

INTRODUCCIÓN

Abordar la historia de los dinosaurios en un libro no debería ser complicado, ¿verdad? Total, hablas de los primeros hallazgos, de las interpretaciones que han tenido sus fósiles a lo largo de la historia… hasta llegar a la actualidad. El problema es que son temas que están algo trillados. Sí, no nos vamos a engañar. Puedes leer en muchos sitios cómo tuvo lugar el hallazgo de *Iguanodon*, o las niñerías que se dedicaban Marsh y Cope durante la guerra de los Huesos. Muchos autores han propuesto una cronología para situar en el tiempo el descubrimiento y estudio de los dinosaurios. Por ejemplo, la cronología propuesta por José Luis Sanz distingue seis periodos: Arcaico (todo lo anterior a 1824); Antiguo (1824-1858); Medio (1858-1897); Moderno, dividido en primero (1897-1939) y segundo (1939-1975), y Renacimiento (desde 1975 hasta la actualidad). José Luis Sanz, quien fue uno de mis mentores, ya trató con maestría y salero esta dimensión histórica de la paleontología de dinosaurios en su libro *Cazadores de dragones*. Así que no puedo dedicarme a hacer lo mismo y ser una triste sombra. No, este libro «necesita» ser otra cosa. Y más con este título.

Así que permitidme que a esa historia de los dinosaurios le ponga algo de mi parte, que lo salpimiente, añada alguna especia y os lo sirva con un emplatado a mi gusto. Quizá este resultado no sea un plato ganador de *MasterChef*, pero sí espero que sea un libro diferente, plagado de información, de ciencia, de anécdotas y de mi espíritu.

Creo que a lo largo de ese viaje que vamos a emprender en estas páginas podemos aprender sobre los propios dinosaurios, sobre otros animales que convivieron con ellos, podemos entender cómo trabajan los científicos y cómo llegamos a reconstruir el aspecto y la biología de estos animales, la mayoría de los cuales llevan como mínimo 66 millones de años muertos.

Nuestra visión del pasado y la interpretación que damos a los fósiles es un reflejo de cómo somos, de nuestra mentalidad y del momento que vivimos. Un día, mi amigo Ximo, historiador y arqueólogo subacuático, me hablaba de historiografía, y de cómo las interpretaciones que se hacían de los hallazgos arqueológicos eran reflejo de la época en la que vivían los investigadores, con sus luces y sombras, sus aciertos y prejuicios. Y creo que esto podemos trasladarlo a la historia de nuestro conocimiento y visión acerca de los dinosaurios. De manera que, recorriendo cómo ha cambiado nuestra visión de estos animales extintos, podemos hacer autocrítica, ya no solo en lo referente a las ideas científicas y metodología de trabajo, sino a nuestra mentalidad.

Bienvenido, bienvenida. Poneos cómodos. Vamos a hacer un recorrido por lo que sabemos de los dinosaurios a través de su historia, y espero que disfrutéis enormemente de este viaje.

SOBRE LOS DINOSAURIOS

Para hablar de la historia de los dinosaurios debemos primero hablar de ellos. Sí, porque, para poder relatar cada hallazgo y cada anécdota, hay que tener en mente qué clase de criaturas eran y lo diversos que fueron. ¿Preparados?

Puede que los dinosaurios sean los animales más famosos del registro fósil. ¿No es así? Nos obsesionan y maravillan: son bestias feroces y con formas curiosas, que hacen volar nuestra imaginación. En especial, esta fascinación por los dinosaurios es muy evidente entre los niños. De hecho, se dice que los niños pasan por una «edad de los dinosaurios» en la que estos animales les fascinan y aprenden todo lo que pueden sobre ellos. Y a algunas personas, entre las que me cuento, no se les pasa esta obsesión jamás. ¿Qué tienen los dinosaurios que nos atrapan?

Según José Luis Sanz, catedrático de Paleontología de la Universidad Autónoma de Madrid, los dinosaurios son una figura equivalente a los dragones en nuestra nueva «mitología moderna». Son animales que resultan especialmente interesantes y atractivos por esta dualidad, formando parte de la realidad y de lo mitológico. De la realidad, porque tenemos sus restos fósiles, sabemos que existieron, y, de hecho, cada año se desentierran y estudian centenares de nuevos fósiles suyos. Y de lo mitológico, porque nadie ha visto nunca ningún dinosaurio vivo, ya que se extinguieron hace 66 millones de años. Bueno, llevamos toda la vida viendo dinosaurios vivos, pero solo de un pequeño grupo de ellos. Me refiero a sus descendientes, las aves. Además, las formas tan diversas que tenían los dinosaurios difieren mucho de los animales a los que estamos acostumbrados a ver en la actualidad. ¡Y es que llegaron a ser tan diversos como lo son ahora los mamíferos!

Pero, más allá de esta imagen simplificada de «reptiles terribles fósiles», ¿qué define a un dinosaurio?

De entre todos los grupos de animales que existen en la actualidad y que han existido a lo largo de la historia de la vida, los vertebrados son el grupo que incluye a todos los que tenemos un esqueleto interno de hueso o cartílago, un cráneo y una columna vertebral. Aunque comúnmente dividamos a los animales en vertebrados e invertebrados, lo cierto es que los huesudos formamos parte de un único grupo — uno de los que llamamos «filos»— frente a más de 30 que se conocen «de invertebrados». Los moluscos son otro filo, como los artrópodos, o los platelmintos, o los cnidarios (grupo al que pertenecen las medusas y corales, por ejemplo).

Los vertebrados somos un tipo especial del filo que llamamos «cordados», caracterizados por tener una varilla o estructura rígida en nuestro eje principal, que en los cordados primitivos llamamos «notocorda» y que en los vertebrados se sustituye por la columna vertebral.

Los primeros cordados o vertebrados del registro fósil los encontramos ya en el Cámbrico, en los yacimientos de conservación excepcional de Burgess Shale (donde se encontró *Pikaia*, una especie de cordado muy primitivo) o Chengjiang (donde hay dos géneros de cordados que se consideran incluso posibles peces primitivos, *Millokummingia* y *Haikouichthys*).

Lo que comúnmente llamamos «peces» agrupa en realidad a varios linajes: los agnatos son los peces sin mandíbula, que fueron muy abundantes durante el

Ordovícico, y cuyos últimos representantes actuales son las lampreas y mixinos. Otro linaje de peces son los placodermos, peces mandibulados acorazados, totalmente extintos. Los dos linajes que sí perduran son los osteictios y condrictios.

Los condrictios son los peces con esqueleto cartilaginoso, como mantas, rayas y tiburones. Los osteictios son los peces con esqueleto óseo y suelen dividirse en actinopterigios (peces con aletas radiadas, formadas por espinas óseas) y sarcopterigios (peces con aletas lobuladas o carnosas). A partir de los sarcopterigios, aparecen los tetrápodos en el periodo Devónico.

Los tetrápodos son el grupo que engloba a todos los vertebrados terrestres con cuatro extremidades (aunque algunos pueden perderlas de manera secundaria, o pueden volver al medio acuático). Esas extremidades tienen su origen en las aletas lobuladas carnosas de los sarcopterigios. Popularmente, a los primeros tetrápodos se les ha llamado «los primeros anfibios».

Con la aparición de los tetrápodos se produce la conquista del medio terrestre por parte de los vertebrados, pero su independencia no es total hasta la aparición de los amniotas. *Amniota* significa «portador del amnios», en referencia al «huevo amniótico», un huevo con cáscara que permitió la total independencia de esos animales del medio acuático, eliminando la necesidad de volver al agua para poner e incubar los huevos. Los anfibios todavía necesitan volver al agua para poner sus huevos, y sus crías pasan por un estado de renacuajo o larva en el que conservan branquias como las de los peces. Sin embargo, los reptiles, gracias a su «huevo amniota», pueden tener a sus crías en tierra seca, y sus crías nacen totalmente desarrolladas, siendo miniaturas del adulto y respirando por sus pulmones. El término correcto para referirnos a estos primeros animales en independizarse totalmente del medio acuático y a todos sus descendientes es *amniotas*. A los amniotas pertenecen los reptiles, incluyendo los dinosaurios, y también los mamíferos y sus ancestros.

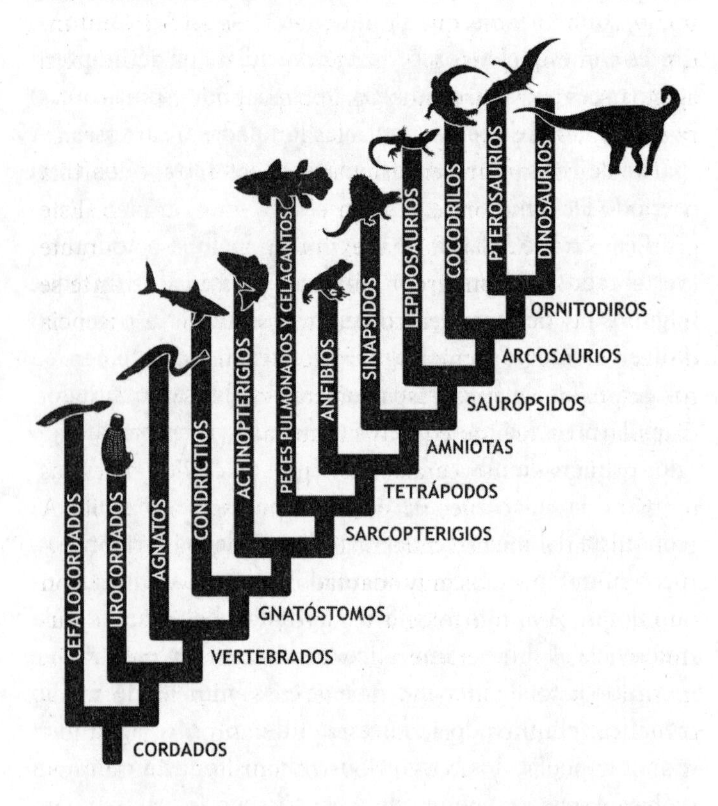

Clasificación de los dinosaurios dentro del árbol evolutivo de los vertebrados. [Imagen del autor]

Y los principales linajes de amniotas son tres, y suelen recibir el nombre dependiendo de las fenestras o aberturas que presentan en sus cráneos: son los anápsidos, los sinápsidos y los diápsidos. Los sinápsidos son el grupo que antiguamente llamábamos «reptiles mamiferoides» y actualmente consideramos que engloba tanto al linaje de los mamíferos como a sus ancestros y sus parientes. A este grupo pertenecen los pelicosaurios, sinápsidos provistos de una vela en el lomo que popularmente se suelen confundir con dinosaurios. Los anápsidos y diápsidos suelen agruparse como saurópsidos, grupo que podemos considerar equivalente a reptiles en la clasificación más moderna.

Los anápsidos carecen de fenestras posteriores a la órbita ocular (abertura donde se aloja el ojo) en el cráneo. Este grupo incluye muchas formas extintas que vivieron durante los periodos Carbonífero y Pérmico. Tradicionalmente se incluía a las tortugas dentro de este grupo por la ausencia de fenestras en su cráneo, pero las últimas investigaciones acerca de su parentesco sugieren que en realidad son diápsidos con un cráneo muy modificado.

Los diápsidos se caracterizan por tener dos fenestras temporales en el cráneo, en posición posterior a la órbita. A este grupo pertenecen muchos linajes de reptiles: ictiosaurios (reptiles marinos muy adaptados a la vida acuática, con un cuerpo cuya morfología recuerda a peces); lepidosaurios (grupo al que pertenecen tuátaras, lagartos, serpientes, mosasaurios e iguanas); sauropterigios (reptiles marinos como notosaurios, placodontos, plesiosaurios); testudines o tortugas, y arcosaurios (cocodrilos, dinosaurios, pterosaurios).

Los arcosaurios (*arcosauria* significa «reptil dominante») son el grupo de vertebrados más exitoso y diverso durante el Mesozoico. Incluye tanto al linaje de los dinosaurios como el de los cocodrilos. Normalmente podemos diferenciar dos linajes, que técnicamente llamamos crurotarsos y ornitodiros. Los crutotarsos son los arcosaurios que incluyen a los cocodrilos, sus ancestros y sus parientes más cercanos. Los ornitodiros incluyen tanto a dinosaurios como a pterosaurios, como a parientes muy cercanamente emparentados.

Esquema simplificado de los principales hitos de la Era Mesozoica. [Imagen del autor]

Los pterosaurios son un grupo de arcosaurios adaptado al medio aéreo, desarrollando ya no solo planeo, sino vuelo activo. Se caracterizan por sus extremidades anteriores convertidas en alas membranosas gracias al alargamiento del cuarto dedo de la mano. Pueden ser popularmente confundidos con dinosaurios, pero lo cierto es que son un grupo diferente. No obstante, están muy cercanamente emparentados con estos, llegando a tener características muy avanzadas en común con ellos, como la posesión de plumas primitivas o un sistema de sacos aéreos que los aligeraba, y que estos aprovecharon para alzar el vuelo.

A estas alturas ya debes imaginar que los dinosaurios no son simplemente «reptiles grandes extintos», ya que acabamos de ver a unos cuantos que cumplen con esos términos. A pesar de que popularmente se confunden con dinosaurios animales como los pterosaurios o los reptiles marinos, acabamos de ver que forman parte de linajes independientes. ¡Al menos los pterosaurios son parientes cercanos, pero los reptiles marinos ni siquiera pertenecen a un único grupo!

Los dinosaurios son un grupo de arcosaurios que se define en base a una serie de características anatómicas comunes. Entre ellas están la posesión de lo que llamamos un «acetábulo perforado» (la cavidad que forman los huesos de la cadera en la que encaja el fémur) o la presencia de «epipófisis» en sus vértebras cervicales más anteriores (unos rebordes en las zonas de articulación entre las primeras vértebras del cuello). Dado que las características con las que los definimos como grupo son tan específicas, se suele generalizar con que los dinosaurios se definen por su locomoción: dentro de los arcosaurios, son los que llevan la postura erecta a su mayor expresión, manteniendo las extremidades totalmente rectas por debajo del cuerpo, de una manera semejante a la que tenemos los mamíferos, y en contraste con el resto de reptiles, que «reptan» debido a que tienen sus extremidades a los lados y arrastran su cuerpo al desplazarse.

Aparecieron hace aproximadamente 240 millones de

años, durante el Triásico medio; se diversificaron durante los periodos Jurásico y Cretácico, y, a finales de este último, su diversidad se vio reducida al linaje de las aves. Y a estos tres periodos se les agrupa bajo el nombre de Mesozoico, o era mesozoica.

Ahora sí, llegamos al punto en el que hablamos de la diversidad de dinosaurios que hubo, y para ello hay que hablar de su clasificación. Y este punto suele ser algo problemático por la terminología. No ya porque los nombres de los grupos y familias sean complicados, sino porque hay algún término que puede inducirnos a error…

Los dinosaurios se dividen tradicionalmente en dos principales grupos de acuerdo con la orientación del pubis, uno de los huesos de la cadera. En los saurísquios, el pubis está orientado hacia delante, como en los lagartos. En los ornitísquios, sin embargo, está orientado hacia atrás, de una manera semejante a la que presentan las aves. Esta diferenciación podría ser sencilla, pero lo cierto es que es muy confusa, ya que ahora sabemos que las aves pertenecen a los saurísquios.

¿QUÉ? ¿Que las aves son «dinosaurios con cadera de lagarto»? ¿Cómo que los dinosaurios «con cadera de ave» no incluyen a las aves? ¿Nos hemos vuelto locos?

Pues sí, aunque parezca mentira, los ornitísquios no incluyen a las aves. Y es que, originalmente, esta clasificación se propuso únicamente por la semejanza externa de la pelvis de los dinosaurios conocidos entonces con lagartos o aves, sin tener en cuenta ninguna relación de parentesco. Y es que, aunque ya había sido propuesta la teoría de la evolución por selección natural cuando se agruparon de esta manera, el estudio del proceso evolutivo y sus consecuencias sobre la clasificación de los seres vivos aún estaban por llegar. Así que el nombre *Ornithischia* pretende ser meramente descriptivo, y no implica una relación de parentesco, del mismo modo que *Iguanodon* hace referencia a las semejanzas de los dientes de este animal con los de una iguana, sin sugerir parentesco alguno.

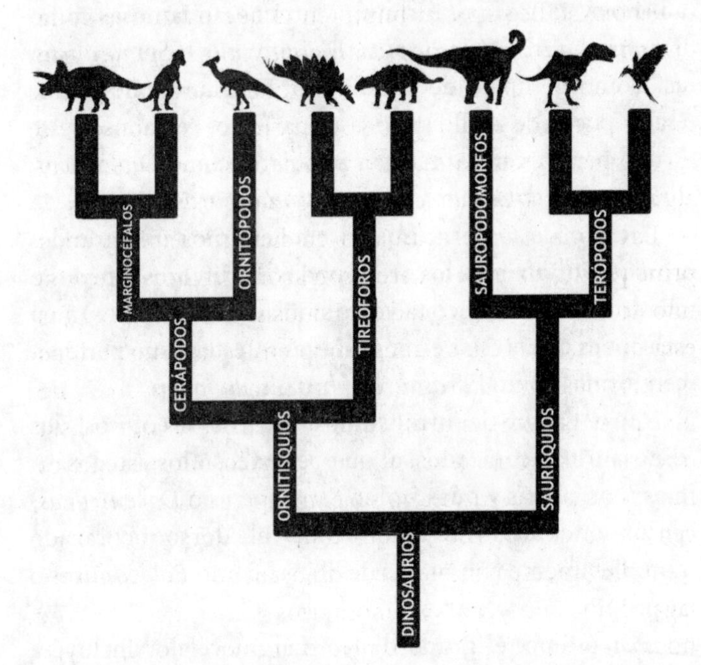

Árbol evolutivo o «cladograma» representando los principales linajes de dinosaurios. [Imagen del autor]

Luego resulta que el estudio de la evolución empapa los estudios de ciencias biológicas, nuevos ejemplares se descubren y acabamos descubriendo que las aves son dinosaurios terópodos y, como tales, saurísquios. ¡Alucinante!

¿Significa esto que llevamos 130 años clasificando los dinosaurios únicamente por sus caderas? En absoluto. A este carácter inicial, con el tiempo y cada nuevo descubrimiento, se han ido sumando decenas de otros caracteres que han mantenido esta clasificación bien consensuada.

Dentro de los saurísquios existen dos grandes grupos: los terópodos (principalmente carnívoros, con dientes afilados y garras, que incluyen a formas tan famosas como *Tyrannosaurus*, *Velociraptor*, *Deinonychus* o *Spinosaurus*, así como al linaje de las aves) y los sauropodomorfos (saurópodos de cuello largo y sus parientes cercanos, a este grupo pertenecen formas tan populares como *Diplodocus*, *Brachiosaurus*, *Camarasaurus* o *Brontosaurus*).

Dentro de los ornitísquios encontramos tres grandes grupos. Por un lado, los ornitópodos, herbívoros bípedos o cuadrúpedos, con pico (a veces similar al de los patos) y en ocasiones con crestas en sus cabezas. A este grupo pertenecen formas como *Parasaurolophus* o *Iguanodon*.

Otro grupo de ornitísquios son los tireóforos, los dinosaurios acorazados, al que pertenecen los estegosaurios (con placas y púas, como *Stegosaurus* o *Dacentrurus*) y los anquilosaurios (con todo el dorso acorazado completamente con placas de hueso, como *Polacanthus* o el propio *Ankylosaurus*).

Por último, el grupo de los marginocéfalos incluye a todos aquellos con la cabeza reforzada o acorazada, como los ceratopsios (*Triceratops* y sus parientes, con grandes placas óseas alrededor del cuello y cuernos sobre los ojos) y los paquicefalosaurios (con el cráneo reforzado y de extremo grosor), como *Pachycephalosaurus* o *Stegoceras*.

Pero ¿y lo de esos nombres impronunciables? ¿Por qué? ¿De dónde viene? ¿Por qué los animales vivos tienen nombres comunes, pero los dinosaurios tienen nombres tan complicados?

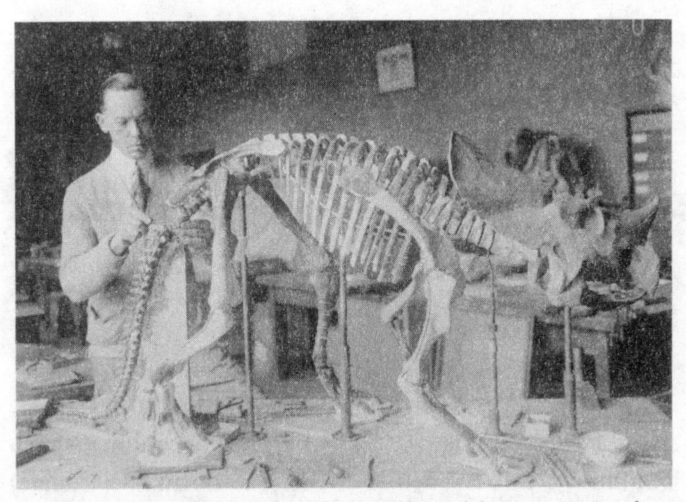

Norman Ross de la división de Paleontología del Museo Nacional, preparando el esqueleto de un dinosaurio (*Brachyceratops*) para su exhibición en 1921. [Library of Congress]

Bueno, eso no es exactamente así: los animales actuales también tienen un nombre científico que en ocasiones puede resultar igual de impronunciable. Lo único es que primero los conocimos por su nombre común, y el nombre científico en muchos casos se les fue dado después, de manera que este nombre científico suele parecerse. Pero ¿qué clase de nombre le pones a una especie nueva, y que encima parece no tener representantes actuales? Pues para todo eso existen las disciplinas de la sistemática y la taxonomía. ¡No vale cualquier nombre!

La clasificación que se usa en biología —y, por lo tanto, también en paleontología— es la que fue propuesta por Carl Nilson Linnæus —para los amigos, Linneo— en 1731. Y por eso a este naturalista sueco se le considera el padre de la taxonomía, que es la ciencia que se encarga de nombrar, describir y clasificar a los seres vivos. Linneo desarrolló el sistema de nomenclatura binomial, así como la clasificación jerárquica de los seres vivos.

El nombre científico de las especies consta de dos palabras, normalmente del latín o del griego. ¿Y por qué en latín o griego? Para que así las personas de diferentes partes del mundo se entiendan cuando hablen de ellos, independientemente de cuál sea su lengua materna o de trabajo.

De ese nombre binomial en dos palabras, la primera es el nombre del género y la segunda es el epíteto específico. El nombre de la especie es el conjunto de esas dos palabras y se escribe en cursiva. Igual que a los organismos vivos, a los fósiles también se les denomina con este sistema binomial. Y existen además una serie de normas, el Código Internacional de Nomenclatura Zoológica. Este nombre debe estar habitualmente en latín o griego y declinado de acuerdo a las normas de declinación latinas.

El nombre de la especie puede darse en honor a una persona (por ejemplo, el dinosaurio *Demandasaurus darwini* fue dedicado a Charles Darwin, siendo *darwini* la declinación del apellido Darwin). Puede dedicarse a un lugar, como, por ejemplo, el país donde se descubrió el fósil (en el caso del *Velociraptor mongoliensis*, Mongolia es el país del descubrimiento). O puede dedicarse a cualquier otra cosa. ¡Incluso hay paleontólogos y paleontólogas que dedican especies a personajes o sagas de ficción! Por ejemplo, el dinosaurio *Dracorex hogwartsia*, por el Colegio Hogwarts de Magia y Hechicería donde estudiaba Harry Potter; el dinosaurio *Sauroniops pachytholus*, por el ojo de Sauron de *El Señor de los Anillos*, o más recientemente el dinosaurio *Thanos simonattoi*, que está tanto dedicado a su descubridor, Sergio Simonatto, como al villano de Marvel Comics, el titán Thanos.

Es así como se les da nombre a las especies que se van descubriendo, ya sean artrópodos vivos escondidos en el Amazonas o dinosaurios cuyos fósiles acaban de ser encontrados en un yacimiento. Y la clasificación de estos dinosaurios —como la de cualquier otro animal— se hace gracias a la información que ya tenemos de la anatomía de otras especies cercanas. La posesión de características novedosas comunes en varias especies sirve para agruparlas, y las características nuevas únicas sirven para definir géneros y especies. Y claro, usar constantemente la información disponible para clasificar los fósiles recién descubiertos hace que muchas veces estas agrupaciones cambien con el tiempo. Y es que, tal y como vamos a ver, la clasificación de los dinosaurios se fue construyendo poco a poco con cada hallazgo. Y aún hoy, con mayor o menor medida, se sigue modificando.

Una vez ya hemos sentado las bases, y como todo relato que se precie, debemos empezar por el principio.

ANTIGUOS HALLAZGOS

Recientemente hemos asistido perplejos al nacimiento de una nueva moda dentro de los teóricos de la conspiración y *fans* de lo sobrenatural. Al parecer, en los últimos años, han aparecido negacionistas de la paleontología y los dinosaurios. Y ojo, no estamos hablando exclusivamente de gente con ideas religiosas muy enraizadas, cuya visión del mundo choca con un planeta con millones de años de edad frente a la versión literal del libro del Génesis. Aunque muchos se cuentan entre estos, no es necesariamente así en todos los casos. Hay una corriente de negacionistas que, del mismo modo que de repente deciden creer que la Tierra es plana, deciden creer que la paleontología es una farsa organizada en el siglo XIX, y de la que estamos viviendo en la abundancia los paleontólogos desde entonces.

Está claro que tanto los terraplanistas como los negacionistas de los dinosaurios no tienen científicos entre sus familiares o amigos cercanos. Porque, si así fuere, verían que somos gente que no estamos para nada viviendo en la abundancia, con dinero que llega sin parar desde despachos oscuros para que mantengamos la cortina de humo. Todo lo contrario: los investigadores científicos vivimos en constante inestabilidad, yendo de beca en beca y de contrato en contrato, como si jugásemos una grotesca e interminable partida de parchís. Y todos estamos deseando encontrar o descubrir algo lo suficientemente rompedor para poder publicarlo en una buena revista y que nuestros currículos aumenten su caché.

Richard Owen, quien llegó a ser director del Museo de Historia Natural de Londres, fue el primero en reconocer que un fragmento de hueso que le mostraron en 1839 provenía de un pájaro grande. En esta fotografía, publicada en 1879, se encuentra junto al moa más grande de todos, *Dinornis maximus* (ahora *D. novaezealandiae*), mientras sostiene el primer fragmento de hueso que había examinado 40 años antes. [Richard Owen, *Memoirs on the extinct wingless birds of New Zealand*. Vol. 2. London: John van Voorst, 1879, plate XCVII]

Una de las razones que esgrimen estos negacionistas es la ausencia de conocimiento de la existencia de dinosaurios antes del siglo XIX. Quizá estés pensando: «Bueno, los virus tampoco se descubrieron hasta hace relativamente poco, y no por eso no son reales», pero mejor dejemos ese ejemplo, porque estos negacionistas por deporte niegan hasta las enfermedades víricas…

A lo que iba, para estos negacionistas, si los dinosaurios «no existían» hasta que *sir* Richard Owen puso nombre a su grupo, es que nunca han existido y son una invención basada en cuatro huesos y mucha imaginación. Y todos los hallazgos posteriores han sido una enorme conspiración cuyos últimos ganadores han sido las industrias del ocio, subidas al tren jurásico.

Para llegar a creerse semejante conspiración, hay que desconocer muchas cosas. Una de ellas es que, hasta hace relativamente poco, vivíamos en unas sociedades donde la religión y la tradición judeocristianas, y la interpretación literal de los textos bíblicos, sentaban las bases de todo. Incluso de la ciencia, a la que durante mucho tiempo incluso se la consideraba «teología natural». En esas circunstancias, interpretar públicamente cualquier hallazgo de un modo discordante con los textos bíblicos te podía valer la excomunión, un juicio por parte de la Santa Inquisición, e incluso morir en la hoguera. Y no, no es una exageración.

Así, durante décadas y siglos, los filósofos naturales y naturalistas interpretaban los datos de lo que estudiaban al amparo de los textos bíblicos, o hacían lo que podían. Y en ese panorama, ¿cómo vas a hablar de animales que no existen en la actualidad? ¿Cómo vas a proponer que algunas especies ya no existen, sugiriendo la blasfemia de que la creación no fuese perfecta?

No fue, como veremos más adelante, hasta que se propuso el concepto de «extinción» que la humanidad empezó a aceptar que los animales del pasado habían sido diferentes. Y eso significa que, durante los siglos anteriores, cualquier hallazgo de huesos de dinosaurios, o de otros vertebrados extintos, recibía interpretaciones muy variopintas, normalmente considerándolos ejemplares de animales actuales, ejemplares con malformaciones, o incluso seres mitológicos.

¿Qué debió pensar la primera persona que encontró un fósil? Es difícil de saber, ya que la primera evidencia es prehistórica: hay bifaces (utensilios hechos de piedra, con dos filos, muy característicos de las culturas del paleolítico) tallados sobre rocas con fósiles. Y que justo estos humanos eligieran esos bloques de roca, y tallaran su herramienta dejando al molusco o erizo justo en medio, parece demostrar que su intención incluía el uso del fósil. Quizá a modo de adorno, quizá por algún tipo de superstición, quién sabe. Pero aquellos extraños objetos con forma de animales fueron elegidos deliberadamente. Aunque saber qué pensaban de esos fósiles los neandertales o humanos anatómicamente modernos es tan imposible como saber qué pasaba por sus cabezas el resto de tiempo: solo queda especular. Posiblemente estas culturas ancestrales encontrarían alguna vez huesos fósiles, pero es imposible saber si los tratarían con naturalidad — como si fueran huesos de animales contemporáneos suyos— o si les darían algún otro valor.

Existe un caso parecido con fósiles de dinosaurio, solo que no con sus huesos: con cáscaras de huevo. Cáscaras de huevo de dinosaurio talladas por las culturas prehistóricas de Mongolia, lo que demuestra que desde muy temprano los pobladores de esta zona tendrían conocimiento de los abundantes fósiles que aparecen en el desierto del Gobi, un lugar tan rico en estos restos que ha sido el lugar de destino de expediciones científicas desde hace casi un siglo. De hecho, estos restos de fragmentos de cáscaras de huevo tallados fueron encontrados por la primera expedición del Museo Americano de Historia Natural, liderada por Roy Chapman Andrews.

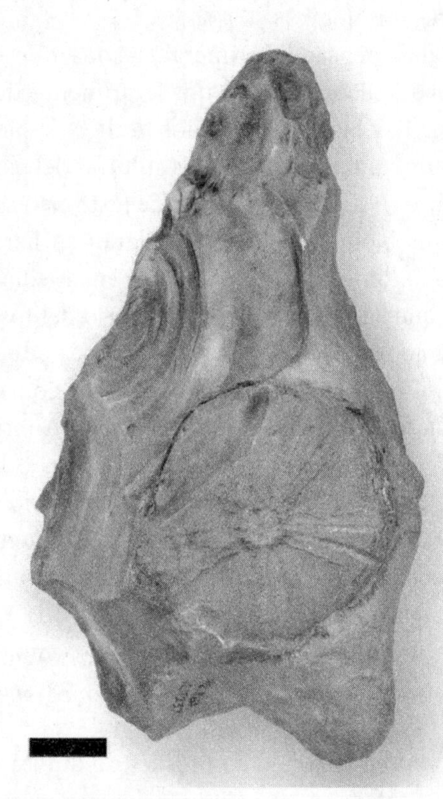

Bifaz de modo Achelense tallado sobre una roca que contiene el fósil de un equinodermo (erizo de mar) del Cretácico. Hallado en Swanscombe, Inglaterra. [Fuente desconocida]

Lo cierto es que existen tradiciones, historias, mitos y leyendas de pueblos a lo largo y ancho del globo que tienen relación, o pueden tenerla, con fósiles de dinosaurios y otros vertebrados extintos. Cabe destacar el trabajo de Adrienne Mayor, experta en folclore y autora de los libros *Fossil Legends of the First Americans, The First Fossil Hunters: Dinosaurs, Mammoths, and Myth in Greek and Roman Times* y *The Amazons: Lives and Legends of Warrior Women across the Ancient World.* En los dos primeros reúne años de su investigación, encontrando referencias directas e interpretaciones de nuestra relación con los fósiles a lo largo de nuestra historia antigua. Sin el trabajo de Adrienne, este capítulo duraría muy poco y estaría lleno de especulación.

Es más que probable que el hallazgo de grandes huesos fósiles desconcertara a los antiguos pobladores. Y que sean la causa del nacimiento de muchos mitos y leyendas, aunque, haciendo honor a la verdad, la mayor parte de estas leyendas suelen estar asociadas al hallazgo de vertebrados cenozoicos, principalmente grandes mamíferos. Sin embargo, los fósiles de dinosaurios que sí han tenido relación inequívoca con leyendas son sus huellas.

Las huellas fosilizadas de dinosaurio —y de otros vertebrados, ya me entendéis, pero son los «dinos» lo que nos ocupa— reciben el nombre de «icnitas». Se formaron cuando dinosaurios anduvieron o corrieron por barro o arena húmeda, dejando sus huellas, y estas quedaron expuestas el periodo de tiempo necesario para secarse y endurecerse. De manera que nuevas capas de barro o arena se pudieron depositar encima sin destruirlas. Y con el paso de millones de años, estos sedimentos sufrieron el proceso que en geología llamamos «diagénesis»: su conversión en rocas sedimentarias. Y las huellas que contenían, se preservaron como huellas fósiles. El paso del tiempo junto con la erosión han hecho que afloren las antiguas capas de barro o arena, ahora convertidas en roca, y con ellas las huellas de aquellos enigmáticos animales. Y las culturas humanas, desde sus albores, se han encontrado con estas extrañas huellas.

Icnita de dinosaurio del yacimiento de Corcolilla (Alpuente, Valencia). Las huellas de dinosaurios han inspirado muchas leyendas en el folclore de muchas culturas a lo largo de siglos hasta su estudio científico. [Imagen del autor]

Las culturas nativas norteamericanas están inundadas de referencias a icnitas de dinosaurios. Las encontraron, las identificaron como huellas de aves y las representaron en sus trajes rituales, en pinturas y petroglifos. Según cuenta Adrienne Mayor, algunas etnias nativas americanas relacionan estas huellas con espíritus de la naturaleza a los que llaman *kachina*. Las tribus Hopi los consideran autores de las huellas que encontraban en sus tierras, así como responsable de la lluvia. Y por eso, los encargados de la danza ritual de la lluvia, con la que tratan que este espíritu los recompense mandando agua, tenían representadas estas huellas en sus trajes rituales. Posiblemente por esta misma razón algunas figuras o exvotos de madera que representan estos espíritus también presentan huellas con tres dedos adornándolas. Aparecen tantos petroglifos representando estas huellas que en ocasiones se han tomado por icnitas verdaderas.

La relación de las culturas antiguas con las huellas no es algo exclusivo de las tribus de nativos americanas. En África hay algún ejemplo de pinturas rupestres representando huellas con tres dedos, como en la cueva Mokhali en Lesotho, en la que los prehistóricos pobladores representaron estas huellas junto a aves no voladoras, sus potenciales productores.

En Europa las referencias se vuelven más peregrinas. Y este calificativo es perfecto para ellas, ya que se suelen relacionar con hechos milagrosos o místicos. Es el caso de un yacimiento de huellas en Cabo Espichel, en Setúbal, Portugal. Se trata del yacimiento de Pedra de Mua, con abundantes huellas y rastros de dinosaurios terópodos y saurópodos del Jurásico superior, localizadas en capas de roca inclinados en pleno acantilado. En lo alto de este acantilado se encuentra una ermita dedicada a Nossa Senhora do Cabo Espichel. Según cuenta la tradición, la Virgen María se apareció a lomos de una mula gigante, ascendiendo los escarpados acantilados desde el océano. Al llegar a la cima de los acantilados, la Virgen se desvaneció, dejando solamente las huellas de la mula gigante.

Un caso similar lo encontramos en España, en la zona de La Rioja, donde abundan las huellas y rastros de dinosaurios del Jurásico superior y, sobre todo, del Cretácico inferior.

Algunos de estos impresionantes rastros han sido interpretados tradicionalmente como dejados por el caballo del apóstol Santiago.

Imagen del grifo, criatura mitológica. Grabado de 1660.

Popularmente se comenta que muchas leyendas orientales de dragones pueden estar relacionadas con el hallazgo de huesos fósiles de dinosaurio. Y es que existen grandes e importantes yacimientos mesozoicos en zonas como Mongolia o China, cuyos fósiles, al aflorar de manera natural, pudieron desconcertar a los habitantes. Si bien la mayoría de mitos de dragones chinos están más relacionados con hallazgos de huesos de mamíferos, puede haber un mito nacido directamente de esqueletos de dinosaurio.

En *The First Fossil Hunters*, Adrienne Mayor explora la posibilidad de que un mito nacido en Medio Oriente y traído hasta las culturas occidentales pudo nacer de estos hallazgos: estamos hablando de las criaturas mitológicas llamadas «grifos». Los grifos son animales mitológicos, mitad león y mitad águila, que, según los escitas, un pueblo que habitaba Asia central, guardaban el oro de la Tierra y lo defendían de su explotación. Para los escitas, estos animales eran muy reales. ¿Podían haber tenido, por lo tanto, una base real?

En Asia central se encuentran los importantísimos yacimientos del desierto de Gobi, en los que se han encontrado restos fósiles de dinosaurios, en muchas ocasiones esqueletos completos, como *Oviraptor*, *Velociraptor* o *Protoceratops*. Este último es un ceratopsio, un pariente primitivo de los imponentes *Triceratops*, solo que de menor tamaño y desprovisto de cuernos, aunque provisto de su pico afilado y su cresta ósea que parte del extremo posterior del cráneo y cubre su cuello. Para Adrienne Mayor, el mito del grifo podría basarse en este ceratopsio: posee un tamaño semejante, un afilado pico que puede asemejar al de un ave, y su gola o cresta pudo ser interpretada por los escitas como unas alas. Los griegos se hicieron eco de los relatos escitas, y desde ahí pudo propagarse este mito por todo el Mediterráneo. De confirmarse, estaríamos ante el único ejemplo de un mito occidental basado en huesos reales de dinosaurio.

El resto de mitos occidentales relacionados con huesos fósiles se atribuyen, como ya hemos visto, a huesos de mamíferos, principalmente miocenos, pliocenos o pleistocenos. Es el caso de los huesos sagrados del dios egipcio Set o Setesh. No se trata de que los huesos del propio dios fueran en realidad huesos de estos mamíferos, sino que los egipcios relacionaron el hallazgo de huesos negruzcos en el Nilo como sagrados para este dios. Hasta el punto de que estos huesos eran recogidos, cubiertos de gasas de lino y conservados en tumbas excavadas en roca. Posiblemente, la asociación con Set se produjo por la presencia de huesos de antiguos hipopótamos, un animal que los egipcios relacionaban con esta deidad. Otro mito mediterráneo relacionado con mamíferos cenozoicos pudo tener origen en el hallazgo de los fósiles de elefantes del Pleistoceno de Sicilia: los cráneos de estos mamíferos poseen una fosa nasal de gran tamaño, que pudo llegar a interpretarse como una órbita ocular única, dando lugar al nacimiento del mito del cíclope.

Si volvemos a las tradiciones nativas americanas, en ellas sí que parece haber relación con fósiles de dinosaurio. Los yacimientos de Red Deer River en Alberta, Canadá, son un paraíso para los paleontólogos, donde se encuentran abundantes esqueletos de dinosaurios del Cretácico superior. El propio Dinosaur Provincial Park se encuentra en esta zona. Y uno de los yacimientos era considerado sagrado por el pueblo Peigan, donde veneraban y ofrecían ofrendas a los espíritus animales.

Al margen de mitos y leyendas, las personas que comenzaron a dedicarse a la ciencia empezaron a tratar de explicar la existencia de fósiles de la mejor manera que podían, proponiendo hipótesis que pudieran casar con la concepción extremadamente religiosa del mundo imperante en aquel tiempo. El estudio de los fósiles puede que se remonte a la Grecia clásica. El mismísimo Platón se aventuró a hablar sobre el origen orgánico de los fósiles, como también haría siglos después Leonardo Da Vinci durante el Renacimiento. Si bien hay casos como estos, no fue hasta el siglo XVII que se empezaron a sentar bases científicas de lo que en el siglo XVIII sería el nacimiento de la paleontología como ciencia.

Comparativa del cráneo de un elefante con la escultura de Polifemo, el cíclope de la mitología griega.

La gigantología consideraba que los hallazgos de huesos fósiles como pertenecientes a gigantes antediluvianos de la tradición religiosa. Otros fósiles no corrían esa suerte, y se interpretaban como juegos o caprichos de la naturaleza (*ludus naturae*), como si la tierra imitara con su materia las formas de seres vivos o partes de ellos.

No obstante, durante el siglo XVII ya tuvieron lugar grandes avances y los primeros acercamientos académicos a los fósiles a analizar —sobre todo, los de invertebrados, porque los huesos casi siempre fueron interpretados como tales— como restos orgánicos, los que podemos considerar primeros trabajos de paleobiología, incluso antes del surgimiento como disciplina científica de la peleontología.

Por ejemplo, el naturalista Nicolaus Steno (1638-1686) propuso una serie de leyes que son el germen de lo que llegaría a ser la estratigrafía, sus leyes de la superposición y horizontalidad de los estratos, que conocemos nosotros como «leyes de Steno». Considerar unas capas de rocas sedimentarias de una u otra antigüedad, estableciendo que las capas inferiores son más antiguas que las superiores, parece algo de cajón, pero siempre hubo alguien que se aventuró a decirlo primero, y ese fue Steno. Y os podéis imaginar lo importante que es para el nacimiento de la paleontología como ciencia la ordenación de las rocas y los fósiles que las contienen de más antiguas a más modernas. Pero no se quedó ahí, además se interesó por el origen biológico de los fósiles, comparando los dientes de tiburones actuales con los fósiles que eran llamados *glossopetrae* por aquel entonces y que popularmente se consideraban lenguas de dragón petrificadas, y concluyendo que debían ser dientes de tiburón. Hoy día sabemos que son efectivamente dientes fósiles de tiburón, incluyendo dientes del famoso *Carcharocles megalodon*, el tiburón gigante. También estudió el crecimiento de las conchas de moluscos fósiles como si de una concha actual se tratase.

El naturalista Nicolaus Steno (1638-1686) se interesó por el origen biológico de los fósiles, comparando los glossopetrae con dientes de tiburones actuales (siguiente ilustración).

Por su parte, el naturalista Robert Hooke (1635-1703) realizó los primeros estudios sobre observaciones microscópicas, realizando importantes descubrimientos, como identificar las primeras células. Publicó estos estudios en su obra *Micrographia* en 1665, en la que además comparó la madera fósil con la madera quemada actual, señalando su enorme parecido y apuntando a su origen vegetal.

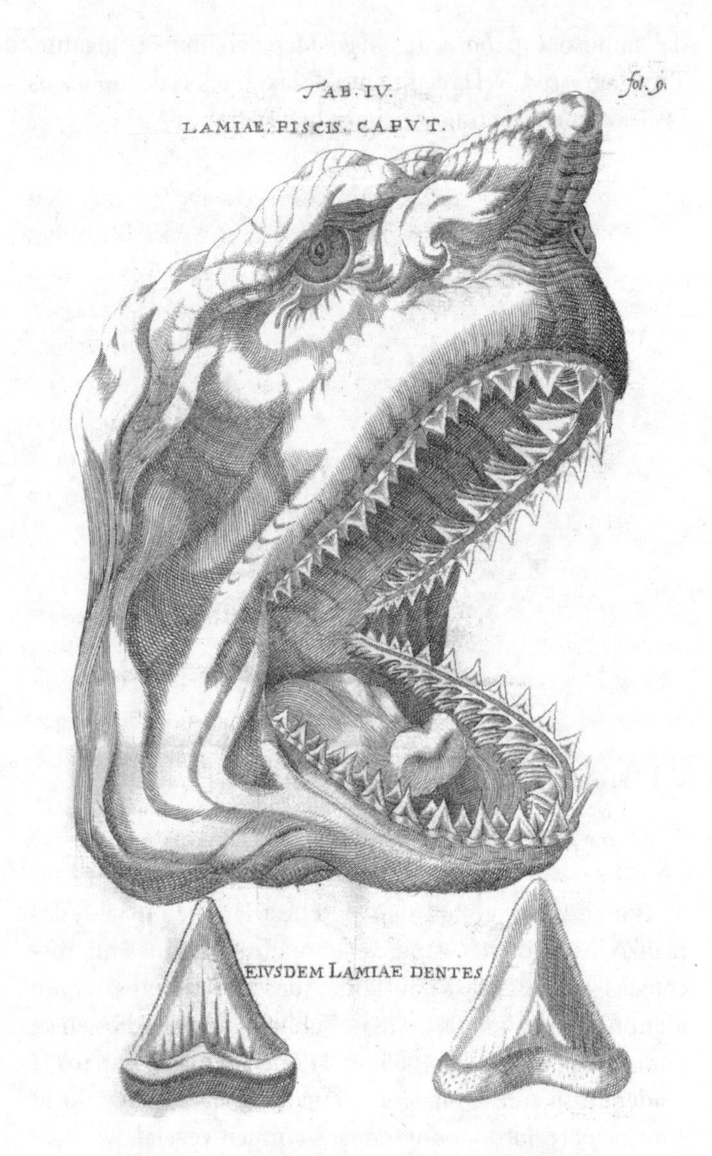

Elementorum myologiae specimen, 1669. [Biblioteca Europea de Información y Cultura (BEIC)]

Otro caso es el del naturalista y franciscano granadino José Torrubia (1698-1761), que concluyó en su obra *Aparato para la historia natural española*:

> Debemos, pues, concluir seriamente, que las Conchas, Almejas, Caracoles, Erizos, Estrellas, Cornu Anmonis, Nautiles y todos los demás Testáceos y producciones marinas, que se hallan en nuestros montes con figura de tales, ni son juegos de la naturaleza, ni efectos del acaso, ni naturales producciones de la tierra sin vivientes dentro, como quiso Bonanni, sino real y verdaderamente tales como las que en el distante mar se crían con su misma configuración y habitadores.

De manera que durante los siglos XVII y XVIII se fue generalizando el considerar los fósiles de invertebrados como restos orgánicos, cuyo origen estaba en seres vivos como los actuales, y no en juegos o caprichos de la naturaleza. Sin embargo, y a pesar de los avances de mentes tan despiertas como las de Steno, Torrubia o Hooke, el desconocimiento de las especies que habían vivido en el pasado y todavía una fuerte influencia de la tradición judeocristiana hacían que se siguiera conciliando con ideas diluvistas (los fósiles eran evidencias del diluvio) o gigantológicas, por seguir considerando el libro del Génesis de la Biblia como una fuente rigurosa para el entendimiento de la naturaleza.

Según cuenta el teólogo y erudito valenciano Vicente Mares (1633-1695) en su obra *La Fénix Troyana* (1681), fueron encontrados «huesos de gigantes» en las localidades valencianas de Chelva (en 1669) y Alpuente (en 1671). Lamentablemente, estos huesos no son descritos ni figurados en esta obra —y mucho menos se habrán conservado—. Sin embargo, dada la enorme abundancia de restos fósiles de dinosaurios de finales del Jurásico en la comarca de Los Serranos, a la que pertenecen ambas poblaciones, no es descabellado pensar que en La Serranía se encontraran los primeros huesos de dinosaurio de los que se tiene constancia por escrito, solo que explicados de manera gigantológica.

Cuenta la tradición que en 1676 se recuperó un hueso gigantesco en una cantera cerca de Cornwall, en Inglaterra. Este hueso fue enviado a Robert Plot, profesor en la Universidad de Oxford, el cual lo incluyó en un trabajo que publicó en 1677, su *Historia Natural de Oxfordshire*. La explicación que daba Plot a los fósiles no era ni siquiera diluvista, sino más clásica. Para Plot, había una propiedad latente en la tierra que generaba conchas o imitaciones de partes de animales en su interior, llegando a formar incluso objetos con forma de partes de la anatomía humana. En su *Historia Natural de Oxfordshire* describió piedras que tenían forma de orejas, pies, riñones…, lo que cabría esperar es que aquel fragmento de hueso fósil fuera interpretado de una manera igual de llamativa. Pero no. Según Plot, este hueso debía ser un extremo de un hueso de una pata de un animal grande, posiblemente uno de los elefantes traídos a Gran Bretaña por los romanos. Gracias a comparar las características de este hueso con los de elefantes actuales, rechazó esta hipótesis y abrazó otra, la gigantología: estos huesos debían pertenecer a humanos gigantes, a los que se refiere como «patriarcas antediluvianos».

Sin embargo, este fragmento de hueso se hizo famoso más tarde, gracias a Richard Brookes. El filósofo Jean-Baptiste Robinet lo interpretó como un enorme escroto humano petrificado, posiblemente debido a que en 1763 Richard

Brookes había figurado este ejemplar etiquetándolo como *Scrotum humanum*, posiblemente como descripción de la semejanza externa, más que queriendo interpretarlo como tal cosa.

Tradicionalmente se dice que este es el primer hueso de dinosaurio descubierto, lo cual es más que probable, ya que, al contrario que los «huesos de gigante» de Vicente Mares, al menos este estaba figurado y permite reconocerlo como fémur de dinosaurio. Lo que no está tan claro es que perteneciera, como suele decirse, a *Megalosaurus*.

En 1990, hubo una curiosa petición a la Comisión Internacional de Nomenclatura Zoológica. En esta petición, se sugería que el género *Megalosaurus* debería considerarse sinónimo de *Scrotum*, por prioridad cronológica, ya que *Megalosaurus* fue descrito en 1824, mientras que *Scrotum* fue acuñado en 1763. Los autores de esta petición fueron los paleontólogos Lambert Beverly Halstead y William Anthony Swithin Sarjeant, que lamentablemente ya fallecieron y no podemos preguntarles si aquello fue una broma o una apuesta. La Comisión, no obstante, consideró que *Scrotum humanum* era un *nomen dubium*, «nombre dudoso», ya que las figuraciones de Plot y Brookes no permiten identificar inequívocamente ese fragmento de fémur como perteneciente a un *Megalosaurus*. Además, el simple hecho de que el nombre *Scrotum humanum* no hubiese sido usado en dos siglos lo convertía en un *nomen oblitum*, un «nombre olvidado». Y que la figuración etiquetada por Brookes no tuviera la intención de crear tal nombre científico lo convierte en *nomen nudum*, «nombre desnudo» en el sentido de no venir acompañado de descripción o identificación, lo cual viene de perlas para un «escroto»...

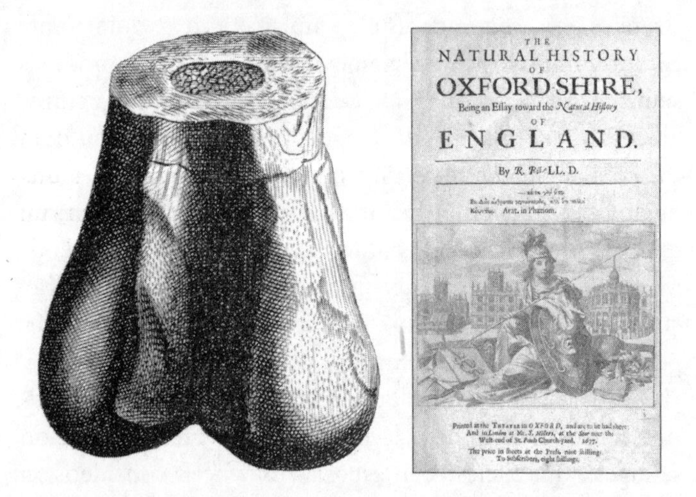
THE
NATURAL HISTORY
OF
OXFORD-SHIRE,
Being an Essay toward the Natural History
OF
ENGLAND.
By R. P. LL. D.

Fragmento de hueso de dinosaurio (posiblemente de fémur de un gran dinosaurio carnívoro tipo Megalosaurus) estudiado y figurado por Robert Plott y Richard Brookes junto a la portada de la monografía de Plott.

A lo largo de los siglos XVII y XVIII, siguieron sucediéndose hallazgos puntuales de huesos y dientes que ahora podemos identificar como pertenecientes a dinosaurios. Es el caso de algunos dientes figurados por el naturalista inglés Edward Lhuyd en su obra *Iconografía de los litofacios británicos* (1699), entre los que se observan un diente de dinosaurio terópodo de Stonesfield o un diente de saurópodo primitivo, tipo *Cetiosaurus*, de Carswell, ambos de Oxfordshire. O las vértebras y huesos largos encontrados en los acantilados de la desembocadura del río Sena y publicados por el abad y naturalista francés Jacques-François Dicquemare en 1776.

En la segunda mitad del siglo XVIII llegó el movimiento de la Ilustración. En este momento, Georges Louis Leclerc

(1707-1788), conde de Buffon, contribuyó enormemente al desarrollo no solo de la paleontología, sino de todas las ciencias de la vida y de la Tierra, desmontando las ideas diluvistas (*mon dieu!*) del origen de los fósiles en su obra *Histoire Naturelle*. Además, fue pionero en proponer una serie de edades en la historia de la vida en la Tierra, un germen algo tosco de lo que sería años después la escala de tiempo geológico.

Y ya hacia finales del siglo entra en juego Georges Cuvier (1769-1832), considerado el padre de la paleontología y de la anatomía comparada. A través de su estudio de los vertebrados fósiles de la cuenca de París y su comparación con faunas actuales —en especial, de los proboscídeos, la familia a la que pertenecen los elefantes—, sentó las bases de la paleontología hablando por primera vez del concepto de «extinción». Hasta aquel momento, no se había considerado que las especies de animales y plantas del registro fósil no se correspondieran con especies no existentes en la actualidad, y siempre se atribuían a seres vivos como los actuales, o, como vimos previamente, incluso a animales mitológicos. Además, gracias a sus estudios de anatomía comparada, propuso reconstrucciones esqueléticas de esqueletos fósiles parciales. En nuestro pódcast *Dinobusters*, mis queridos amigos Daniel Vidal, Carlos de Miguel y yo solemos referirnos a Georges Cuvier como «el *influencer* de la paleontología» de finales del XVIII y principios del XIX. Y en el siguiente capítulo veremos por qué. Pero básicamente este señor era consultado por todo el mundo, y contribuía aportando su opinión en muchas interpretaciones de hallazgos. Si en su tiempo hubiese habido la misma fiebre que tenemos hoy día por firmar artículos científicos, Cuvier los habría firmado todos.

Los primeros descubrimientos en Estados Unidos se hacen esperar un poco, ocurriendo ya a finales del siglo XVIII, como el hallazgo de un hueso largo en Gloucester County (Nueva Jersey) publicado en 1787 por Timothy Matlack y Caspar Wistar, o la expedición de Lewis y Clark de 1804-1806.

Aunque esté acelerando para llegar a los primeros dinosaurios descubiertos con propiedad, permitidme que me detenga en esta expedición, porque tiene miga. Y es que tiene algo de pique diplomático, un hecho casi sobrenatural y un objetivo de lo más peculiar. Empecemos por el pique diplomático: Georges Louis Leclerc expuso que la naturaleza del continente americano era inferior a la que se encuentra en el Viejo Mundo. Que el Nuevo Mundo era muy frío y primitivo, y no podía sustentar vida avanzada, grande y vigorosa. A esta provocación respondió nada más y nada menos que Thomas Jefferson (1743-1826), presidente de los Estados Unidos que estuvo involucrado en la Declaración de Independencia. Y he aquí el hecho «casi sobrenatural»: Thomas Jefferson, además de presidente de Estados Unidos, fue naturalista. Animado por el hallazgo de huesos fósiles de mamut, estaba convencidísimo de que estos enormes mamíferos todavía seguirían vivos en el interior del país, en lugares recónditos montañosos o boscosos del salvaje oeste. Y su intención fue organizar esta expedición, con el capitán Meriwether Lewis y su colega, el subteniente William Clark, con el objetivo, entre otros, de encontrar estos «fósiles vivientes». Evidentemente, la expedición no halló mamuts vivos ni ninguna otra criatura extinta viva. Pero en 1806 encontraron una enorme costilla en la orilla del río Yellowstone en Montana, que William Clark se aventuró a clasificar como perteneciente a un gigantesco pez, aunque, teniendo en cuenta la geología de la zona, debió pertenecer a un dinosaurio del Cretácico superior.

A estas alturas de la historia, con el creciente interés por la exploración y descubrimiento imperante desde el origen del movimiento ilustrado, se sucedían hallazgos en Norteamérica y Europa, aunque su identificación era siempre muy vaga. Hasta que, en 1815, los persistentes hallazgos en Oxfordshire acabaron en manos de la persona apropiada, William Buckland.

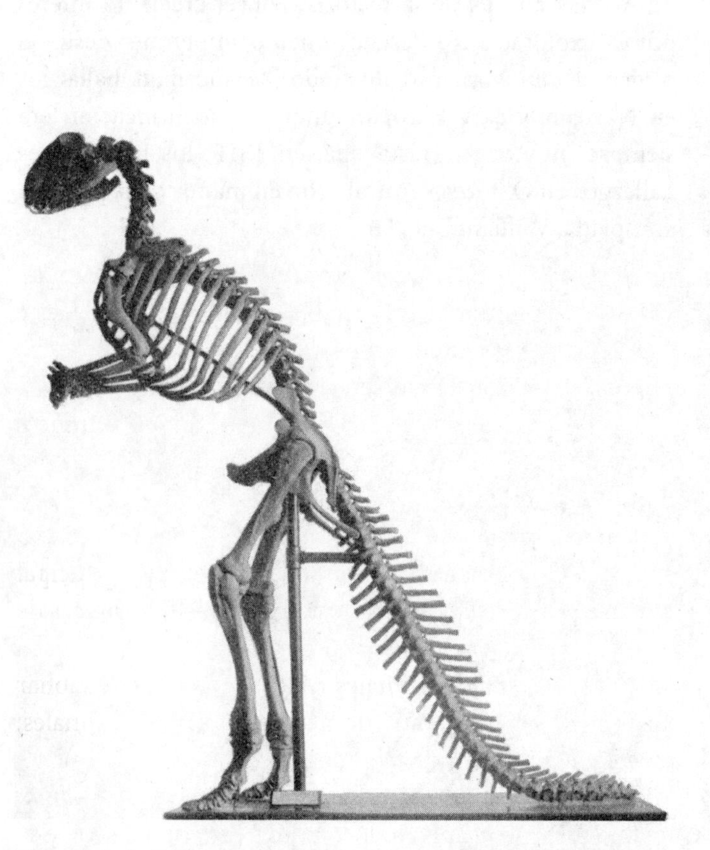

Esqueleto de *Trachodon* (*Hadrosaurus*) restaurado por B. Waterhouse Hawkins, el primer esqueleto de dinosaurio montado en el mundo. Lucas, Frederic Augustus, 1868 [1904]. Lámina LXXIII.

EL AMANECER DE LOS DINOSAURIOS

El nacimiento científico de los dinosaurios se lo debemos al hallazgo de los tres dinosaurios iniciales, una trinidad inicial. En su hallazgo, estudio y descripción estuvieron involucradas una serie de personas que creo que deberíamos introducir antes de empezar con el relato. Así pues, vamos a presentar a los personajes principales de este amanecer de los dinosaurios (aunque algunos de estos nombres ya han aparecido en el capítulo anterior).

Georges Cuvier (1769-1832) fue un naturalista francés del periodo de la Ilustración al que se le considera el padre de la moderna anatomía comparada y de la paleontología como ciencia. Fue un gran estudioso de la naturaleza, en especial de la anatomía de los animales. Su principal objetivo era correlacionar las características anatómicas de los animales con la manera en que cada animal realizaba las grandes funciones vitales. Así, llegó a correlacionar anatomía y función dentro de la diversidad de los animales, especialmente en los vertebrados. Por ejemplo, relacionaba la dieta con la dentición, esta con su sistema digestivo y, finalmente, con el aparato locomotor. Este tipo de correlación era la base de su anatomía comparada.

Además, fue la primera persona en hablar del concepto de «extinción de especies», y por eso se le considera el padre de la paleontología. Hasta ese momento, todos los hallazgos de fósiles habían sido interpretados como restos de seres vivos como los actuales, o bien habían tenido interpretaciones mitológicas (ya hemos visto referencias a criaturas míticas o a gigantes). Sin embargo, era creacionista, como cualquier señor de su época, y por lo tanto sus ideas eran «fijistas», no aceptaba que los animales cambiaran con el tiempo.

Esta visión fijista no le impidió realizar grandes avances para la paleontología de su época. Por ejemplo, aplicó sus correlaciones anatómicas para poder proponer reconstrucciones de esqueletos completos de animales extintos a partir de unos pocos huesos, ya que su estudio de los mamíferos fósiles de la cuenca de París lo llevó a descubrir que había especies que se habían extinguido, que formaban parte de familias de animales vivos.

Geroges Cuvier (1769-1832) no describió ningún dinosaurio no aviano pero fue el anatomista más brillante de su tiempo, y fue consultado en multitud de ocasiones, formando parte del debate en torno a estos misteriosos animales que se estaban descubriendo. [Wellcome Library]

Según su visión de la historia de la vida en la Tierra, los animales no cambiaban, pero tras eventos catastróficos de extinción (también se le considera el padre del catastrofismo), la Tierra era repoblada por los animales que habían sobrevivido en regiones del planeta no afectadas por la catástrofe. Y por eso veíamos épocas o eras en las que abundaban diferentes grupos de animales. Esta visión sin cambios graduales lo enfrentó con gente, como el geólogo Charles Lyell, que se oponía al catastrofismo. Lyell defendía el «uniformitarismo» para las formaciones geológicas, consideraba que los procesos que habían acontecido en el pasado en la Tierra eran los mismos que ocurren hoy día, y que todo lo que observamos en el registro geológico se podía explicar mediante un proceso gradual, sin necesidad de grandes catástrofes. Sin embargo, ser el anatomista más popular de la época hizo que Cuvier fuera consultado constantemente en los hallazgos de especímenes (de ahí nuestra broma recurrente de que fue el *influencer* paleontológico de su época), y por eso había que dedicarle unos párrafos. Porque, aunque no fue el autor de ningún dinosaurio, aportó su granito de arena en la identificación de sus restos fósiles.

Gideon Algernon Mantell (1790-1852) fue un médico y naturalista británico, autor del hallazgo de dos de los primeros dinosaurios. Estaba obsesionado con la búsqueda y estudio de fósiles.

Natural de Lewes, Sussex, mostró mucho interés en la geología desde niño, acostumbrando a visitar canteras y minas donde recogía ammonites, equinodermos y huesos de peces. Sin embargo, su formación fue en medicina, llegando a trabajar en plena ebullición de cólera y fiebres tifoideas, razón por la cual llegó a atender a 50 pacientes al día en algunos momentos.

Gideon y Mary Ann Mantell. Responsables de la descripción y hallazgo, respectivamente y de acuerdo a la tradición, de *Iguanodon*.

En 1816 se casó con Mary Ann Woodhouse, quien protagonizaría parte del relato del hallazgo de *Iguanodon*.

Inspirado por los hallazgos de Mary Anning, en especial por una especie de cocodrilo que acabó siendo un ictiosaurio, retomó su pasión de juventud y empezó a interesarse por la búsqueda y el estudio de los fósiles de animales de las cercanías. Su trabajo implicaba largos desplazamientos por el campo para atender a sus pacientes, lo que le hizo fijarse en los afloramientos de rocas fosilíferas y canteras. Incluso tenía contacto con los trabajadores de las canteras, que le guardaban los hallazgos casuales que encontraban. Con todos sus hallazgos, fue dando forma a su colección particular, que fue comprada por el Museo Británico en 1838.

William Buckland (1784-1856), clérigo, naturalista y paleontólogo británico, fue el autor del descubrimiento del primer dinosaurio —aunque por aquel entonces no se hablaba de «dinosaurios» como tales—. Ordenado como pastor anglicano en 1809, en 1813 se incorporó como profesor de Mineralogía en la Universidad de Oxford y, cinco años más tarde, también de Geología. Buckland y sus colegas eran partidarios del catastrofismo de Cuvier, y este creía que la historia de la vida en la Tierra estaba marcada por una serie de catástrofes, seguidas de eventos nuevos de creación. Así, cada nueva creación de animales y plantas era una versión mejorada de los anteriores, y veía la mano de un creador en estructuras complejas de la naturaleza, que había ido mejorando sus diseños tras cada catástrofe. La última de estas catástrofes la identificaba con el diluvio universal narrado en el libro del Génesis, y dedicó una gran parte de su trabajo de investigación a esta catástrofe. Por ejemplo, estudió los huesos fósiles encontrados en cuevas. En ocasiones estas acumulaciones de huesos en cuevas incluían a animales de muchas especies y familias diferentes, como es el caso de la cueva de Kirkdale en Yorkshire. La interpretación de los eruditos de la época era que todos esos animales habían muerto en el diluvio, y que sus aguas los habían concentrado en las cuevas. Buckland los estudió en detalle y se fijó en que muchos huesos estaban rotos y tenían marcas de mordeduras semejantes a los causados por hienas.

En la actualidad, a la aproximación experimental de Buckland para resolver este misterio la podríamos categorizar de «actuotafonomía», ya que trató de replicar los eventos en el presente para contrastar las marcas con las de los fósiles. Y es que, para poder contrastar que estas fracturas y marcas estaban causadas por hienas, tuvo una hiena viva en su casa, a la que llamó Billy. La conclusión de la similitud de las marcas de mordeduras de Billy con las de la cueva fue clara: la cueva había sido una guarida de hienas, y fueron estos carnívoros los que dieron lugar a la acumulación de huesos. No fueron acumulados por las aguas del diluvio, aunque sí que consideró que las hienas habían vivido en Inglaterra antes del diluvio, y que fue esta catástrofe la que inundó la cueva y depositó la capa de barro que cubrió estos huesos. Sí, no lo podía dejar todo a causas naturales no bíblicas, recordemos que era pastor anglicano... De todos modos, usó este método de contrastación tan empírico tanto para sus investigaciones acerca de la fauna del pasado, como para desenmascarar reliquias, ya que no toleraba ciertas supersticiones, especialmente las ligadas al catolicismo, doctrina con la que era muy crítico.

Así fue como, a pesar de estar tan influenciado por las ideas creacionistas y diluvistas, aceptó que los depósitos de las glaciaciones no fueron causados por el diluvio, demostrando una vez más poseer una mente excepcionalmente racional y empírica, especialmente llamativa para ser un clérigo de la época.

Retrato del naturalista William Buckland, responsable de la descripción del primer dinosaurio, *Megalosaurus*. [Wellcome Library]

Sir Richard Owen (1804-1892) fue un naturalista y paleontólogo británico. Su formación también fue inicialmente médica. Tras terminar sus estudios, entró a trabajar como ayudante del conservador del museo del Real Colegio de Cirujanos, lo que hizo que poco a poco abandonase la práctica de la medicina y se encaminase hacia la investigación. Fue adquiriendo grandes conocimientos de anatomía comparada, conocimientos que le vinieron muy bien para sus estudios sobre vertebrados fósiles. Llegó a trabajar como profesor y conservador, y con el tiempo se convirtió en encargado de la colección de Historia Natural del Museo Británico (1855). Entonces dedicó sus esfuerzos a crear un museo de historia natural, lo cual llevó al traslado de las colecciones al actual Natural History Museum.

Retrato de *sir* Richard Owen, el naturalista británico responsable de acuñar el término «dinosaurio». [Wellcome Library]

Su figura no obstante está plagada de polémica, ya que al parecer se apropió de algunos descubrimientos, sin dar crédito a las personas que descubrían los fósiles que él publicaba. Sin embargo, su trabajo en anatomía de vertebrados fue muy importante, y, al igual que Georges Cuvier, estudió tanto animales actuales como formas extintas. Publicó una importante monografía sobre reptiles fósiles británicos e incluso una monografía sobre *Archaeopteryx* de gran importancia.

Gran anatomista, estudió muchos animales extintos e introdujo el concepto de «homología» como la equivalencia entre partes anatómicas de especies distintas. Para Owen, esto ocurría por la existencia de «arquetipos» o «planes corporales básicos», habiendo cuatro arquetipos básicos: el radiado, el molusco, el artrópodo y el vertebrado, pero sin tener una relación de parentesco entre ellos. Fue el creador del término *Dinosauria* para definir al grupo que incluía a los grandes saurios hallados en aquel momento. No era partidario de la evolución por selección natural, ya que creía que la anatomía en los seres vivos estaba determinada internamente como variaciones de su arquetipo. Estas ideas lo llevaron a enfrentarse a Charles Darwin, a pesar de que habían colaborado en origen, cuando Owen estudió las faunas de mamíferos cuaternarios sudamericanos que el Beagle trajo en 1836.

Mary Anning (1799-1847) fue coleccionista y comerciante de fósiles, y es considerada la primera paleontóloga. Natural de Lyme Regis, Dorset, Inglaterra, su padre era un ebanista que se sacaba un sobresueldo buscando y vendiendo fósiles a los turistas. Se cuenta que, cuando Mary Anning era todavía un bebé de un año de vida, sobrevivió a la caída de un rayo: estaba en brazos de una vecina de sus padres, que disfrutaba de un espectáculo al aire libre junto con dos amigas a la sombra de un olmo. Un rayo cayó sobre el árbol y mató en el acto a las tres vecinas, pero Mary sobrevivió. Los vecinos de Lyme Regis lo consideraron un milagro y durante años atribuyeron al incidente la personalidad curiosa y la gran inteligencia que mostraba la joven Mary.

Su familia profesaba una fe disidente que se separaba de la Iglesia anglicana, motivo por el cual no eran bien vistos. Así que Mary lo tuvo doblemente difícil en su vida, ya no solo por ser mujer, sino por discriminación religiosa. Tanto ella como su hermano solían acompañar a su padre a los acantilados en busca de fósiles y, cuando este murió, ellos se hicieron cargo de este negocio.

Aunque no encontró dinosaurios (los acantilados en los que recogía fósiles pertenecen a la Formación Blue Lias, Jurásico inferior marino, y, por lo tanto, los únicos vertebrados que encontraba eran reptiles acuáticos), descubrió importantes fósiles marinos del Jurásico entre los que se incluyen peces, pterosaurios, plesiosaurios e ictiosauros, así como moluscos cefalópodos (principalmente, belemnites y ammonites). A través de sus descubrimientos contribuyó a cambiar las ideas científicas del siglo XIX en historia de la Tierra y vida prehistórica, aunque, como ya hemos comentado, por razones religiosas —y por ser mujer en un mundo dominado exclusivamente por hombres— jamás se le permitió formar parte activa del mundo académico.

Todas estas personas contribuyeron de una manera u otra al nacimiento de nuestro conocimiento sobre los dinosaurios y el mundo mesozoico, aunque ya hemos visto cómo el telón de fondo iba tomando forma desde que, en la segunda mitad del siglo XVIII, llegase el movimiento de la Ilustración, y proliferaron los hombres de ciencia y humanidades en Europa.

A través de sus descubrimientos, Mary Anning contribuyó a cambiar las ideas científicas del siglo XIX en torno a la historia de la Tierra y vida prehistórica. Museo de Historia Natural de Londres, Reino Unido.

Desde finales del siglo XVII, se venían encontrando huesos y dientes en los sedimentos jurásicos de unas canteras cerca de Stonesfield, en Oxfordshire. Casi como si algún dinosaurio gritase desde su tumba, intentando ser descubierto una y otra vez. Debió ser alrededor de 1815 cuando aparecieron más huesos fósiles de este animal, aunque no podemos afirmar exactamente que fuese en aquel año. Lo que sí que sabemos es que Buckland ya tenía en sus manos aquel material en 1818. Posiblemente las gentes del lugar, entre ellas los trabajadores de las canteras, acudían a la cercana Universidad de Oxford a llevar sus hallazgos en espera de alguna gratificación por parte de algún erudito. Tras el nombramiento de Buckland como profesor adjunto de Mineralogía en 1813 y de Geología en 1818, y dado su enorme interés en la fauna antediluviana, posiblemente se haría cargo de los hallazgos que hasta ahora podían haber acabado en manos diversas u olvidados en algún rincón.

Aquel enigmático material consistía en un fragmento de mandíbula, unas cuantas vértebras, costillas, huesos de las piernas y de la cintura pélvica (en zoología y paleontología solemos hablar de dos cinturas, la escapular y la pélvica). Ya fuese llamado por necesidad de ayuda, o simplemente aprovechando su paso, lo que sí sabemos es que en 1818 lo visita nuestro *influencer* paleontológico, Georges Cuvier. El naturalista francés se interesó enormemente por estos huesos fósiles y los comparó con algunos que él mismo había estudiado, procedentes de Normandía. Según parecía, pertenecieron a un enorme reptil, que poseía los dientes —muy afines con los lagartos— implantados dentro de alveolos, como los cocodrilos o los mamíferos. Ambos llegaron a la conclusión, a la vista de este hallazgo y teniendo en cuenta hallazgos dispersos anteriores, que en el pasado la Tierra había sido habitada por reptiles gigantescos.

Buckland presentó los resultados de su investigación en una conferencia durante una sesión de la Sociedad Geológica el 20 de febrero de 1824. Según comenta José Luis Sanz en *Cazadores de dragones*, Buckland era todo un comunicador, y sus conferencias eran muy didácticas, en las cuales mostraba fósiles, mapas y paneles explicativos, así que aquella ocasión tuvo que dar una conferencia memorable. Según contó, la bestia hallada en Stonesfield poseía dientes característicos de lagartos, solo que implantados como los de un cocodrilo o mamífero, y con bordes aserrados perfectos para desgarrar carne. Por todo ello, concluyó que se trataba de un lagarto singular, gigantesco, al que le estimó unos 12 metros de longitud, y que había vivido en un ambiente fluvial y lacustre junto con otros reptiles. A este enorme animal lo llamó *Megalosaurus.* Sin embargo, no le dio nombre específico, se quedó en género, y fue Gideon Mantell quien le dio el nombre específico que todos conocemos en honor a Buckland, *Megalosaurus buckladii*, tres años después, en 1827.

Cuenta la leyenda —bueno, no es que sea una leyenda de espada y brujería, pero el relato se ha romantizado tanto que es difícil saber si ocurrió realmente así— que en 1822 Gideon Mantell tuvo que atender una urgencia médica en Sussex. Como tantas otras veces, lo acompañó su esposa, Mary Ann Mantell, y, mientras el médico y naturalista atendía a sus pacientes, su esposa se dedicó a pasear por las cercanías. Dado el enorme interés de su marido por los fósiles, Mary Ann debía haberse familiarizado con las rocas fosilíferas y habría desarrollado una aguda vista digna del mejor buscador de fósiles. Así fue como sus ojos encontraron un diente brillante de color marrón entre unos bloques de caliza que estaban usándose en la reparación de un camino. La cantera de origen de estos bloques de caliza parecía estar en Cuckfield, también en el condado de Sussex. Sea veraz este relato o no, lo cierto es que Mantell empezó a estudiar este y otros dientes procedentes de tal cantera y de la localidad de Tilgate Forest. Su procedencia de rocas mesozoicas le hizo pensar en un gran reptil, pero le resultaba inquietante que estos dientes poseyeran facetas de desgaste, típicas de animales herbívoros que mastican la comida, como las vacas. ¡Y los reptiles no procesan tanto el alimento en sus bocas! Mantell acudió a su colega Buckland, pero no le fue de demasiada ayuda. Solo había una persona que podía ayudarlo a resolver tal misterio anatómico. ¿A quién vas a llamar? Por suerte para Mantell, en junio de 1823 un amigo suyo tenía pensado pasar por París, de manera que podría enseñarle uno de los dientes al mismísimo Georges Cuvier. Pero para su desgracia ese amigo era Charles Lyell. Me imagino la reunión de Lyell y Cuvier como muy tensa, incómodamente educada, lanzándose *pullitas* del tipo: «Oh, querido colega, has llegado a tiempo»; «Sí, claro, no hay catástrofes que me impidan llegar, todo ocurre de manera uniforme». Llamadme loco, pero quizá fue culpa de ir de la mano de Lyell que Cuvier no hiciera especial caso al diente de Mantell, identificándolo tentativamente como un incisivo de rinoceronte. Mantell, tu gozo en un pozo. De nuevo, me imagino a Cuvier, después de que Lyell saliese por la puerta, reaccionando de manera diferente a aquel hallazgo y poniéndose a investigar sobre qué podía ser aquel enigmático diente. Y es que, un año más tarde, y tras haber estudiado en profundidad el tema, Cuvier escribió una carta a Mantell en la que le sugería si no podría tratarse de un nuevo animal, un enorme reptil herbívoro. Cuvier argumentaba que, al igual que hoy día entre los mamíferos modernos las especies de mayor tamaño son herbívoras, que esto podría haber ocurrido del mismo modo entre los reptiles pretéritos. ¡Esto ya es otra cosa! Mantell, animado por esta segunda respuesta de

Cuvier, que coincidía con su opinión, siguió adelante con su investigación. ¿Qué clase de reptil podía ser? ¿Con qué reptiles actuales tendría afinidades este misterioso animal?

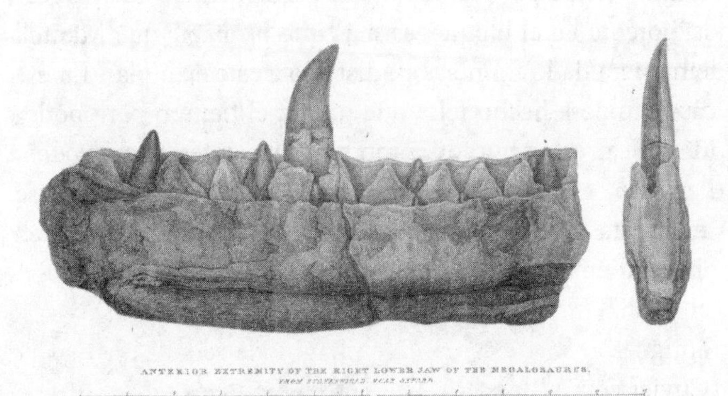

Mandíbula de Stonesfield que forma parte del holotipo (ejemplar original con el que se describe una especie por primera vez) de *Megalosaurus*.

Para resolver esta cuestión, Mantell visitó el Hunterian Museum del Real Colegio de Cirujanos en Londres, que albergaba una de las mayores colecciones anatómicas del momento. Allí, estudió de cerca un esqueleto de iguana de un metro de longitud y reparó en sus dientes, que eran terriblemente parecidos a los recogidos en Sussex, solo que los ejemplares fósiles eran 20 veces más grandes. En la sesión de la Royal Society de febrero de 1825, Mantell presentó en sociedad a este enorme reptil, al que denominó *Iguanodon* (que significa «diente de iguana»).

Tiempo después, en 1834, se encontraron nuevos fósiles en una cantera ubicada en Maidstone, condado de Kent. Este nuevo ejemplar fue decisivo para el conocimiento temprano de *Iguanodon*, ya que fue la primera vez que Mantell podía estudiar huesos de *Iguanodon* más allá de su dentición. El espécimen de Maidstone (al que se le suele llamar la *Mantell-Piece*) incluía vértebras, huesos de las extremidades y de la cintura pélvica, junto con un diente. De no aparecer este diente en el bloque, es más que probable que Mantell le hubiera dado un nombre distinto a este ejemplar. En ese caso, hubiese hecho falta que pasara el tiempo para poder identificar estos huesos como pertenecientes a *Iguanodon*. Pero no, ese diente del ejemplar de Maidstone, que se interpreta como un solo individuo, permitió a Mantell ahondar en la anatomía y aspecto de *Iguanodon*.

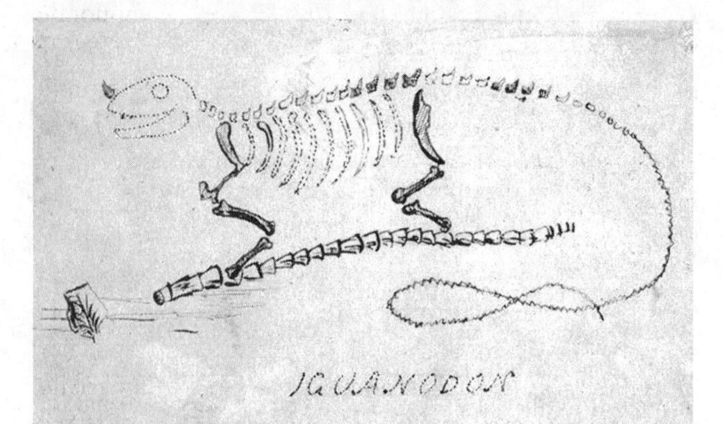

La reconstrucción del esqueleto de Iguanodon por Mantell, aunque tosca y poco rigurosa para nuestros ojos del siglo XXI, constituye la primera reconstrucción de un esqueleto de dinosaurio de la historia.

Gracias a este ejemplar, Mantell se vino tan arriba que se convirtió en la primera persona en proponer la reconstrucción del esqueleto de un dinosaurio. Solo que, claro, por su interpretación iguanesca, su estimación de tamaño era un poco monstruosa. Escalando las proporciones de una iguana actual a los dientes y huesos que había estudiado, le salía la barbaridad de 61 metros de lontigud, aunque luego lo corrigió a 21 metros. Pero, claro, en una iguana la mitad de la longitud del cuerpo es cola, como ocurría con el *Iguanodon* reconstruido de Mantell. Una curiosidad del ejemplar de Maidstone es que incluía un hueso con forma de cono que Mantell colocó sobre la nariz, a modo de cuerno.

Los ejemplares de otros reptiles fósiles no dejaron de aparecer en los afloramientos de Tilgate Forest: el siguiente espécimen recogido y estudiado por Mantell era otro reptil, provisto de espinas y placas de hueso. Mantell lo denominó *Hylaeosaurus* (que significa lagarto del bosque, en honor de Tilgate Forest) en 1833, al incluirlo en su libro *The Geology of the South-East of England.* El naturalista interpretó que estas espinas se situarían formando una única hilera a lo largo de su dorso, con una disposición parecida a las escamas alargadas que presentan las iguanas y otros lagartos actuales.

En 1837 entra en juego *sir* Richard Owen, mucho antes de ser conservador del Hunterian Museum o de la colección de Historia Natural del Museo Británico. Por aquel entonces había sido nombrado profesor hunteriano de Anatomía en el Real Colegio de Cirujanos, y su fama empezaba a dispararse como profesor y anatomista. En ese momento, la Asociación Británica para el Avance de la Ciencia (BAAS en sus siglas en inglés) le encargó un estudio monográfico sobre los reptiles fósiles de Gran Bretaña. Por supuesto, este trabajo sería de revisión y puesta al día, y por lo tanto iba a necesitar basarse en trabajos anteriores. En ese trabajo de revisión, Owen no fue especialmente benevolente con sus colegas, lo cual le costó más de un choque y no pocas enemistades, como con el propio Mantell. Corrigió el cuerno de la nariz de *Iguanodon* y lo interpretó como un espolón del primer dedo de la mano, o por ejemplo rechazó la fila única de espinas en el dorso de *Hylaeosaurus*, por no ser espinas simétricas.

El monográfico de Owen tuvo dos partes, que leyó en conferencias en 1839 y 1841, y acabó publicando en 1842. El gran hito de este monográfico fue el origen mismo de los dinosaurios: agrupó a *Megalosaurus*, *Iguanodon* e *Hylaeosaurus* dentro de un grupo nuevo de reptiles, *Dinosauria*. Y les dio una interpretación que iba más lejos que una simple agrupación: para Owen, estos dinosaurios no eran reptiles con pinta de lagarto, como habían propuesto Mantell o Buckland. El estudio de los huesos de las extremidades de *Iguanodon* le reveló que no era posible que se orientaran horizontalmente como los lagartos, sino que se habrían colocado verticalmente, sosteniendo el peso del cuerpo, como los mamíferos. También apuntó a que, microscópicamente, los dientes de *Iguanodon* no se veían como los de las iguanas, sino que tenían características parecidas a los mamíferos (algo que ya se olía Mantell, por eso de las facetas de desgaste y algún tipo de masticación que no aparece en reptiles). Por estas y muchas más razones, Owen proponía que los dinosaurios eran un grupo de reptiles de gran tamaño con un aspecto semejante al de los grandes mamíferos terrestres.

Aunque la imagen de los dinosaurios que tenemos hoy dista mucho de la interpretación de Owen, lo cierto es que fue un gran paso adelante desde la anterior interpretación lacertoide, y sienta las bases de la diferenciación de los dinosaurios respecto de los otros reptiles. De hecho, seguimos usando la posición de las extremidades respecto al cuerpo como una característica diagnóstica de *Dinosauria*.

Sorprendentemente, que a la hora de describir y agrupar a los dinosaurios Owen únicamente contara con *Megalosaurus*, *Iguanodon* e *Hylaeosaurus* no significa que no se hubieran encontrado más. Simplemente aún no se habían clasificado correctamente como dinosaurios. Es el caso de *Cetiosaurus*, descrito por el mismo Owen en 1841, pero que interpretó como una especie de reptil acuático, a pesar de que era un dinosaurio saurópodo, la primera especie descrita de uno de los gigantescos dinosaurios de cuello largo. También por aquel entonces ya estaban descritos *Thecodontosaurus* y *Plateosaurus* (el primero, publicado por Henry Riley y Samuel Stutchbury en 1836; el segundo, publicado por Hermann von Meyer en 1837), siendo los dos prosaurópodos. Curiosamente, todo el grupo de los sauropodomorfos, que incluye a prosaurópodos y saurópodos, quedó fuera de la definición de *Dinosauria* de 1842, probablemente por sus restos escasos, que no permitieron identificar en ellos características como su locomoción erguida, que por supuesto poseían.

A estos hallazgos se les unieron muchos más, no solo de dinosaurios, sino de reptiles marinos y voladores coetáneos, y gracias a estos hallazgos, hacia finales del siglo XIX, la comunidad científica empezó ya a hacerse una mejor idea de las formas de vida durante el Mesozoico.

En este relato del amanecer de los dinosaurios me gusta destacar la labor de Mary Anning, paleontóloga, coleccionista y comerciante de fósiles, a quien ya le dediqué unas líneas al empezar el capítulo, y con quien me gustaría cerrarlo. Sus hallazgos contribuyeron a este conocimiento temprano del mundo mesozoico, permitiendo llenar los escenarios en los que vivían los dinosaurios con mucho más que cocodrilos y tortugas. Y es que el Mesozoico no está completo sin pterosaurios sobrevolando las cabezas de los dinosaurios, o sin reptiles marinos que fueran los depredadores en los océanos. Y el conocimiento temprano de esos grupos no sería el mismo sin los hallazgos de Mary Anning. Del mismo modo, si a Anning la hubiesen dejado participar del mundo académico, aunque solo fuera un poco, la historia que estamos contando probablemente habría sido muy diferente.

¡ASÍ QUE ESTO ES UN DINOSAURIO! PRIMERAS RECONSTRUCCIONES

Estamos tan acostumbrados a ver dinosaurios en todas partes, que pocas veces nos paramos a pensar que ese aspecto es resultado de un trabajo, no nos viene dado. El aspecto de un animal que lleva millones de años extinto es un tema peliagudo, que necesita de mucho trabajo y que siempre debe estar en constante contrastación y actualización con cada nuevo descubrimiento.

Básicamente, cada reconstrucción de un dinosaurio, para ser considerada una hipótesis válida, debe estar contrastada con el conocimiento más actualizado en ese momento, y debe elaborarse con el mínimo grado de especulación posible. Y esto es un tema peliagudo, porque hay muchas partes de esos animales de las que no tenemos fósiles, así que toca especular, como, por ejemplo, con los órganos y tejidos blandos.

Hoy en día tenemos una metodología para evaluar cuán especulativa es una reconstrucción y para encontrar la manera de hacerla de la manera más rigurosa. Pero, claro, también porque llevamos dos siglos de ventaja y de acumulación de datos y de especies nuevas. ¡Ponte tú a reconstruir el aspecto de un dinosaurio en pleno siglo XIX y a ver qué churro te saldría! Pues de churro nada, cada reconstrucción y cada obra de paleoarte es completamente válida en su momento, está anclada al tiempo en el que fue realizada. De hecho, existe una definición de lo que es el «paleoarte», término acuñado por el paleoartista Mark Hallett en 1986. Según Hallett, es paleoarte toda obra artística original que representa formas de vida del pasado de acuerdo a la evidencia científica disponible en el momento de su realización. Por lo tanto, es tan válida como reconstrucción una infografía fotorrealista con técnicas punteras realizada en 2020, como un grabado de un dinosaurio con la imagen que teníamos de ellos en 1840. Porque ambos casos están realizados de acuerdo a la información y al conocimiento científico disponible en su momento. Y es que las comparaciones son odiosas, y más cuando hablamos de los albores de la paleontología, cuando teníamos más bien poca información sobre estos animales…

Ya vimos en el capítulo anterior cómo Gideon Mantell se vino muy arriba con el hallazgo del ejemplar de *Iguanodon* de Maidstone, propuso una reconstrucción esquelética — algo simple, todo sea dicho— y escaló las proporciones de una iguana actual a los dientes y huesos que había estudiado. Con estos cálculos obtuvo un monstruo con la barbaridad de 61 metros de longitud, aunque luego lo corrigió a 21 metros. Pero, claro, en una iguana la mitad de la longitud del cuerpo es cola, como ocurría con el *Iguanodon* reconstruido de Mantell. Además, el hueso con forma de cono que tenía el ejemplar de Maidstone lo colocó sobre la nariz, a modo de cuerno. Esta reconstrucción puede parecernos simple y cómica, pero fue la primera. ¡Nadie en la historia había hecho una reconstrucción de un esqueleto de un dinosaurio! Y esto es algo que, salvando las distancias, tenemos que seguir haciendo en la actualidad. Solo que con mucha más información disponible. Y es que, aunque popularmente tengamos la imagen de que los dinosaurios aparecen completos, la mayoría de hallazgos se asemejan mucho a estos primeros ejemplares que vimos en el capítulo anterior, de manera que tenemos que tirar de sus parientes cercanos muchas veces para sus reconstrucciones esqueléticas.

Pero demos un paso adelante y vayamos a la reconstrucción de los dinosaurios en vida, con carne, piel y con un comportamiento vivo. No tuvimos que esperar mucho para ello. De hecho, el propio Mantell pudo formar parte de ello, las primeras reconstrucciones en vida de dinosaurios y el primer proyecto para la divulgación de los dinosaurios. Corría el año 1851 y se inauguraba en Londres la Gran Exposición o Gran Exposición de los trabajos de la Industria de todas las naciones, que fue la primera Exposición Universal. Esta gran exhibición tuvo lugar en Hyde Park, cerquita del Museo de Historia Natural, y para albergarla se construyó una maravilla en sí misma, un gran palacio de hierro y cristal, el Crystal Palace. El príncipe Alberto, esposo de la reina Victoria, fue el principal promotor de este evento. Tras el enorme éxito de esta exposición, se decidió mover el Palacio de Cristal a una nueva ubicación en el distrito de Bromley y convertirlo en un museo. El propio príncipe Alberto sugirió que en el nuevo parque del Crystal Palace se instalaran en los alrededores del museo las recreaciones a escala real de algunos animales prehistóricos. Y se encargó la realización de las esculturas a Benjamin Waterhouse Hawkins (1807-1889), artista y un gran entusiasta de la paleontología. Para que tales reconstrucciones fueran veraces, se tenía que contar con un naturalista asesor, y se le ofreció este trabajo a Gideon Mantell, que lo rechazó. Es comprensible que, a pesar de que este trabajo fuese una gran oportunidad, Mantell lo rechazara, teniendo en cuenta que por un lado se le había torcido la vida mucho, había sido abandonado por su mujer e hijos en 1839 y tuvo un accidente en un carruaje que lo dejó lesionado de la columna vertebral —y convertido en consumidor de opio para aliviar los dolores— el resto de sus días. Por otro lado, Mantell no era partidario de ese tipo de empresas destinadas al consumo, ya que consideraba que trivializaban la ciencia misma. Tras este rechazo del proyecto por parte de Mantell, *sir* Richard Owen se encargó del proyecto. Y por lo tanto, las reconstrucciones de estos dinosaurios tuvieron un estilo oweniano muy marcado, aunque conservaban reminiscencias mantellianas, como las espinas del dorso de *Hylaeosaurus* o el cuernecito nasal de *Iguanodon*.

Hawkins realizó bocetos de cada dinosaurio y de otros reptiles a reconstruir. Después, pasaba a realizar una pequeña maqueta de arcilla. Luego realizaba otra maqueta de arcilla a escala real (menuda barbaridad, y cuántos kilos de arcilla debía usar en cada modelo) y, a partir de esta, se realizaban moldes, de los que sacaban réplicas o vaciados en cemento. Las piezas de cemento se armaban sobre un esqueletaje de hierro y ladrillos, y finalmente se pintaba la estatua. El encargo se realizó en 1852, y se inauguraron finalmente en 1854. Se realizaron modelos de *Iguanodon*, *Megalosaurus* e *Hylaeosaurus*, así como de otra fauna mesozoica —ictiosaurios, plesiosaurios, mosasaurios, pterodáctilos, laberintodontos (anfibios) y teleosaurios (similares a cocodrilos)—. También hay representación de dicinodontos del Pérmico y de mamíferos del Cenozoico (como *Anoplotherium*, *Palaeotherium*, el alce gigante *Megaloceros* o el perezoso *Megatherium*).

Las esculturas de dinosaurios y demás fauna prehistórica del Crystal Palace siguen siendo visitables en el Crystal Palace Park.

Finalmente, en junio de 1854 se inauguró el museo, con la presencia de la reina Victoria y el príncipe Alberto. La reacción del público fue muy positiva. Según cuentan, los adultos y niños estaban maravillados e impresionados (hasta los niños más pequeños se asustaban al ver semejantes criaturas), y se convirtieron en toda una atracción de la época. Se vendieron carteles con dibujos de estos dinosaurios, e incluso modelos educativos en miniatura. Lamentablemente, el coste por escultura era tan grande que la Crystal Palace Company, empresa gestora del proyecto, tuvo que retirar la financiación a Hawkins, y algunos modelos quedaron sin realizar: estaban también planeados modelos del ave extinta *Dinornis*, así como un mastodonte.

Casi un siglo después, en 1936, un incendio arrasó el Museo del Crystal Palace, y nunca fue reconstruido. Sin embargo, su nombre sigue siendo el del parque, el de un estadio deportivo y hasta el de un equipo de fútbol de la Premier League. Y los dinosaurios, así como su «fauna acompañante», siguen decorando los jardines del parque, donde podemos ir a visitarlos para viajar no al Mesozoico, sino al siglo XIX.

Parece mentira que en pleno siglo XIX ya se construyera un primer «parque jurásico». Y la reacción del público ante estas esculturas demostraba que, aunque estuviéramos en los inicios de la paleontología de dinosaurios, habían llegado para quedarse. José Luis Sanz considera que en este momento había nacido la «dinomanía», y soy un total defensor de esta idea. De hecho, no tuvimos que esperar mucho tiempo para ver el primer esqueleto de dinosaurio montado. Y por poco no vemos un segundo «parque jurásico» en el continente americano. Y en ambos casos, estaba Hawkins implicado.

El esqueleto de Hadrosaurus montado por Benjamin W. Hawkins es un claro reflejo del desconocimiento acerca de los dinosaurios de aquella época, en la que apenas se conocían un puñado de especies a través de esqueletos muy incompletos.

Todavía no se había encontrado el tercer dinosaurio de la trinidad original cuando aparecieron unos enormes huesos en la localidad de Haddonfield, Nueva Jersey.

Sí, hemos saltado ya a Norteamérica. Sin embargo, estos hallazgos pasaron sin pena ni gloria hasta que, en 1858, William Parker Foulke (1816-1865) —abogado, filántropo, geólogo y un porrón de cosas más— se enteró del hallazgo. Organizó una excavación y puso al cargo a Joseph Leidy (1823-1891), un naturalista extraordinario. Leidy ya había descrito unos dientes de dinosaurio a los que nombró como especies nuevas en 1856 (entre ellas, *Troodon*), y esta excavación iba a conseguir que pasase a la historia de la paleontología de dinosaurios. En este yacimiento desenterraron un esqueleto parcial de un enorme dinosaurio, el esqueleto más completo recuperado hasta la fecha. Leidy le puso el nombre de *Hadrosaurus foulkii* («lagarto robusto dedicado a Foulke»). Este animal resultó rompedor: tenía las extremidades posteriores mucho más grandes que las anteriores, lo cual se interpretó como evidencia de ser bípedo. Y esto chocaba mucho con los dinosaurios cuadrúpedos que el público había conocido en el Crystal Palace. Tal descubrimiento necesitaba de una puesta en escena a lo grande, de manera que se decidió realizar un montaje de su esqueleto, y tal tarea recayó en Benjamin Waterhouse Hawkins. El artista británico estaba en las Américas por aquel entonces —había viajado hasta allí para una serie de conferencias— y ofreció su ayuda a Leidy. Para montar este esqueleto colosal, se realizaron réplicas y se reconstruyeron huesos no encontrados. Fue el caso del cráneo, que se reconstruyó a imagen de un cráneo de iguana, dada su semejanza con *Iguanodon*. Siendo bípedo y teniendo solo un modelo actual en el que reflejarse, los canguros, se le orientó de manera vertical la columna vertebral y se le apoyó la cola a modo de tercera pata. El esqueleto resultante fue montado en 1868 en la Academia de Ciencias Naturales de Filadelfia, con una postura canguroide, apoyado en un árbol. Se realizaron réplicas de este esqueleto para Princeton, el Smithsonian y el Museo de Edimburgo. El primer esqueleto de dinosaurio se había montado, y la reacción de la sociedad volvió a ser muy positiva. Por supuesto, hoy sabemos que *Hadrosaurus* tendría un aspecto muy diferente —y, desde luego, los cráneos de los hadrosaurios o de *Iguanodon* no se parecen en nada al de una iguana—, pero, para aquel momento, con el conocimiento que se tenía, esta reconstrucción era la mejor hasta el momento.

Fotografía de Charles Knight trabajando en un modelo de *Stegosaurus*.

El interés por el esqueleto de *Hadrosaurus* y por el exquisito trabajo de Hawkins llegó lejos. Tanto que recibió la propuesta de la Comisión del Central Park en Nueva York para crear un nuevo proyecto, el «Museo Paleozoico», donde se exhibieran reconstrucciones de los animales que habitaron el continente americano. Una suerte de Crystal Palace inverso, con las exposiciones de fauna en el interior del edificio. Y las especies a reconstruir incluían

Hadrosaurus, *Laelaps* (un dinosaurio terópodo después llamado *Dryptosaurus*, porque se descubrió que el género *Laelaps* ya se le había puesto a un ácaro), el reptil marino *Elasmosaurus* y un batiburrillo de animales tanto terrestres como acuáticos de varias épocas, incluyendo mastodontes o megaterios. Sí, ya sé que debes estar pensando: «¿Cómo es posible que no sepa de la existencia de esas esculturas en Central Park?». Quizá incluso has visitado la Gran Manzana y no recuerdas haber oído nada de un museo en Central Park. Y tienes razón. Porque el proyecto nunca llegó a terminarse. Y es que la Comisión de Central Park cayó en manos de William Marcy «Boss» Tweed, un político corrupto, un gánster. Y esta gente no estaba dispuesta a pagar por construir un museo de paleontología. Como matones que eran, no quedó la cosa en un corte de financiación y una disculpa, sino que arrasaron y destrozaron el estudio de Hawkins —que ya estaba trabajando en los modelos— y se cuenta que enterraron los restos de sus esculturas destrozadas en algún lugar de Central Park. El «Museo Paleozoico» nunca llegó a hacerse realidad. Aunque esta historia tenga este final amargo, el epílogo es menos duro: Hawkins siguió trabajando en ilustraciones de dinosaurios y otra fauna extinta para la Universidad de Princeton. Tweed fue sentenciado, intentó escapar saliendo de EE. UU. en 1875 y llegando a España, donde se le reconoció gracias a una caricatura del *New York Times*. A veces, nuestro gusto español por el chiste y la caricatura tiene sus ventajas.

Las reconstrucciones de esqueletos y del aspecto en vida de los dinosaurios fueron sucediéndose, y cada vez incluían más información gracias a los nuevos hallazgos. De hecho, como veremos en próximos capítulos, las «fiebres de los dinosaurios» que hubo en la segunda mitad del siglo XIX y primera del XX contribuyeron enormemente al aumento de ejemplares y especies de dinosaurios. En lo que respecta a su reconstrucción, esta se considera que da un gran paso de gigante y se hace adulta desde los trabajos de Charles Knight (1874-1953).

A Knight se le reconoce como primer paleoartista, aunque gente como Hawkins se merecería el mismo calificativo. Lo que hizo a Knight valedor de este honor es su implicación en el proceso de reconstrucción de vertebrados extintos, llegando a una aproximación científica y naturalista. Aunque desde muy temprana edad estuvo algo impedido de la vista —era astigmático y además recibió una pedrada en el ojo derecho cuando tenía seis años que le dejó secuelas toda su vida—, no dejó que esto le impidiera convertirse en un gran artista. ¿Escuchas esa voz que te susurra: «Lucha por tus sueños»? Es Charles Knight, con sus gafotas, que te anima desde su lugar en la historia de la paleontología de dinosaurios.

El primer trabajo de paleoarte que realizó fue un encargo de Jacob Wortman, del Museo Americano de Historia Natural, quien le pidió que reconstruyera el aspecto de un *Elotherium* (hoy llamado *Entelodon*) cuyos huesos estaban expuestos en el museo. Knight usó su conocimiento de anatomía de cerdos actuales para poner carne y piel a este mamífero, y llenó las lagunas de conocimiento con su imaginación. Wortman quedó tan impresionado con el resultado que el museo le encargó una serie de acuarelas para decorar las salas de paleontología. Fue el inicio del resto de su vida: había nacido un paleoartista, y, con él, el paleoarte actual.

Adelantado a su tiempo, Knight pintó a estos Laelaps (*Dryptosaurus*) con comportamientos dignos de un animal muy activo y grácil.

Al igual que hizo con su *Entelodon*, la clave del trabajo de Knight fue su conocimiento anatómico, que le venía de atrás, de su fascinación por la naturaleza cuando era un niño. Knight estudió anatomía, y se ensució las manos las veces que hizo falta, estudiando de primera mano especímenes y realizando disecciones. Su pasión lo llevó a involucrarse tanto en la obtención de conocimiento anatómico que esta ventaja adquirida ganó por goleada a su limitada visión.

Si las reconstrucciones de Hawkins se popularizaron enormemente en el siglo XIX, las de Knight han roto la barrera temporal y son reconocidas incluso ahora. Sus reconstrucciones de dinosaurios dieron la vuelta al mundo y han sido figuradas cientos de veces en libros de fauna prehistórica. Una de sus obras, además, puede parecer un anacronismo, ya que representa a dos dinosaurios terópodos con un comportamiento y una agilidad que a principios del siglo XX eran pura ciencia-ficción. Knight pintó a dos *Laelaps* (*Dryptosaurus*) peleando, con uno de ellos en el suelo en posición defensiva, frente al ataque del otro ejemplar, que está ¡saltando por los aires! En aquel momento y en las décadas posteriores, persistía una imagen de los dinosaurios muy diferente: animales lentos y torpes arrastrando la cola. ¿De dónde le había venido la inspiración a Knight para representar a estos terópodos de manera ágil y activa? Quizá fue el propio estudio de anatomía de animales actuales el que hizo que, consciente o inconscientemente, viera en los terópodos material para este tipo de vida. Por aquel entonces los eruditos estaban más concentrados en describir especímenes y publicar descripciones que en hacer un acercamiento a la biología de estos animales, de manera que no prestaron atención a cuestiones que sí le preocupaban a Knight para sus reconstrucciones. Haría falta que pasaran un puñado de décadas para que este tipo de trabajos y esta visión de los dinosaurios se abriera paso en la paleontología.

¿Y SI SIGUEN VIVOS? MISTERIOS DEL PASADO CON «INFLUENCIA SAURIA»

En vísperas de Navidad de 1938, el barco pesquero Nerine se encontraba faenando como solía hacer en la costa sudafricana, en aguas del océano Índico. Largaron sus redes para recoger la pesca como de costumbre una y otra vez. Pero una de esas veces, entre la pesca apareció un pez extraño para sorpresa de los pescadores. Se trataba de un pez de gran tamaño, como de unos 50 kilogramos, que podía recordar a un mero, pero que tenía lo que llamamos «aletas lobuladas», aletas «carnosas», frente a las aletas típicamente membranosas de los demás peces: era un sarcopterigio. Además, este pez parecía agarrarse a la vida más que sus trágicos compañeros que estaban ahogándose en la red: en vez de morir a los pocos minutos de estar privado del agua de la que obtienen el oxígeno, luchó durante 4 horas. Es más, se cuenta que el bicho estuvo paseándose por cubierta, arrastrándose gracias a esas aletas musculosas. Aquello tuvo que ser todo un espectáculo. Era un animal tan extraño que el capitán lo guardó para que lo examinara la conservadora del museo local, Marjorie Courtenay-Latimer, que era zoóloga, aunque especialista en aves. A pesar de estar fuera de su especialidad, realizó una disección muy cuidadosa y una descripción y una figuración muy detalladas para mandarle los datos a su colega James L. Smith, que sí que era ictiólogo. Cuando Smith recibió el material, no podía creerlo: estaba ante una disección de un celacanto, un pez de aletas lobuladas que se creía extinto desde hacía 80 millones de años. A esta especie de celacanto se la llamó *Latimeria chalumnae*, y desde entonces se han recuperado muchos más ejemplares. ¡Incluso se descubrió una nueva especie más del mismo género! Los celacantos actuales no han cambiado demasiado desde hace millones de años. Estos peces sarcopterigios son parientes de los primeros tetrápodos, los primeros vertebrados en salir del agua. También son miembros de los sarcopterigios los dipnoos, los peces pulmonados.

Ejemplar de celacanto (*Latimeria chalumnae*) conservado en el Museo de Historia Natural de Viena, Austria.

Pero no son los únicos seres vivos que parecen haberse quedado congelados en el tiempo, a los que solemos llamar «fósiles vivientes» por conservar la forma desde hace millones de años. Otro caso es el de las metasecuoyas. Estos árboles se conocieron primero en el registro fósil, siendo descrito el género a partir de material fósil del Jurásico superior en 1941. Con el tiempo, se descubrieron también restos fósiles del Cenozoico, ¡e incluso ejemplares vivos en China! Estas metasecuoyas vivas llegan a alcanzar los

50 metros de alto, e incluso se han usado como árboles ornamentales. También se consideran fósiles vivientes los *gingkos*, los últimos árboles de la división *Ginkgophyta*, que aparecieron durante el Pérmico, fueron muy abundantes en el Mesozoico, y hoy no abundan, salvo cuando se usan también como árbol ornamental. Entre los animales, también consideramos fósiles vivientes a los tuátaras, reptiles del género *Sphenodon* que no han cambiado su anatomía prácticamente en 200 millones de años, y que fueron mucho más abundantes en el pasado.

El hallazgo del celacanto, unido a la creciente popularidad de los dinosaurios y demás vertebrados extintos, hizo que se empezaran a interpretar leyendas de una manera completamente nueva. ¿Y si algunas criaturas del folclore de algunos pueblos fuesen en realidad dinosaurios que no se extinguieron junto con sus compañeros, y que han llegado hasta nuestros días? Había nacido la criptozoología moderna.

La criptozoología es una pseudociencia que intenta demostrar la existencia de animales desconocidos. Y no se le puede tratar como ciencia real porque su objetivo es demostrar la existencia de animales de los que no se tiene evidencia sólida, de manera que sus objetivos e interpretaciones están sesgados a favor de un único resultado positivo. Un zoólogo haría un inventario de especies de un ecosistema a través de muestreo y estudio, y presentaría los resultados, incluyendo la descripción de especies nuevas a partir de evidencias, ejemplares tipo. El criptozoólogo busca ya la especie nueva concreta, aun cuando no hay evidencias o ejemplares, lo cual dificulta un acercamiento empírico sin sesgos. Aun así, la criptozoología resulta terriblemente atractiva. Yo mismo fui un gran aficionado a estos temas en mi infancia y adolescencia. ¿A quién no le gustaría encontrar un animal extinto VIVO? Sin embargo, con mi formación en ciencias biológicas entendí que, para no dejarme engañar por sueños infantiles, el acercamiento al descubrimiento debe ser lo más empírico y objetivo posible, y necesariamente debe hacerse desde el método científico.

Ilustración de la torre y muros de piedra del Castillo de Urquhart a orillas del famoso lago Ness con el famoso mostruo al fondo. Tal fue la obsesión por verlo que se llegó a publicar una fotografía de Robert K. Wilson en 1934, y que fue tomada como prueba de la existencia de Nessie durante décadas. En los años 90 se demostró que era un fraude.

Muchos son los críptidos (que es como se llama a estos animales todavía por descubrir) que han sido tentativamente explicados como dinosaurios o reptiles remotos extintos. Y el más célebre de ellos es, sin lugar a dudas, Nessie, el monstruo del lago Ness.

Desde muy pequeño me fascinó la leyenda de Nessie. Y como desde niño ya tenía esta fascinación por los dinosaurios, la paleontología y la naturaleza, pues os podéis imaginar la emoción que despertaba en mí esa perspectiva. Un misterio que trataba de un posible reptil prehistórico superviviente hoy en día me tenía fascinado. Obsesionado.

En tiempos modernos se ha relacionado la figura de este críptido con los plesiosaurios, tratando de encajar la descripción de este animal de leyenda con este grupo de reptiles extintos. Los plesiosaurios son un grupo de reptiles que pertenece a los sauropterigios, junto con los placodontos o notosaurios. Los plesiosaurios aparecen a principios del Jurásico, o posiblemente a finales del Triásico, y duraron hasta la extinción de finales del Cretácico, en la que también se extinguieron la mayoría de dinosaurios. Se caracterizaban por una cola corta, un cuello largo y cabeza pequeña (aunque algunos, los pliosaurios, evolucionaron hacia formas de cuello corto y robusto y cabeza grande) y por tener las 4 extremidades convertidas en aletas.

Bien, las leyendas y avistamientos de la criatura del lago Ness se remontan a hace siglos. Concretamente a un texto religioso del siglo VII, la vida de san Columba, en la que se relata cómo este santo obró el milagro de salvar a una persona que iba a ser atacada por una criatura en el lago. Historias alimentadas por esta leyenda se sucedieron a lo largo de los siglos, pero la fiebre moderna y las descripciones de este animal arrancan en el siglo XIX. En 1868, en un periódico de Inverness se habla de la posible existencia de un pez de gran tamaño u otra criatura en el lago. En pleno siglo XX empiezan a abundar los relatos de pescadores y locales que tienen experiencias con un animal que provoca remolinos en las aguas, o animales de gran tamaño remontando las aguas.

Pero en ningún momento se habla de un reptil prehistórico hasta un avistamiento por parte de dos turistas, los Spicer, en 1933. La descripción de los turistas encaja a grandes rasgos con las características de un plesiosaurio o un saurópodo, haciendo hincapié en su cuello largo. Hasta este momento, las descripciones de avistamientos o encuentros con esta mítica criatura no mencionaban para nada un cuello largo.

Ha habido muchas fotografías de la supuesta criatura, algunas como la famosa fotografía del cirujano y coronel Robert Wilson, en la que se veía una criatura de cuello largo, fueron las que sentaron las bases del aspecto popular de esta criatura. Décadas más tarde, se reveló que la foto era falsa y que ni siquiera la había tomado el cirujano, sino que se usó su nombre para darle credibilidad a la historia.

Otra imagen muy famosa data de 1972, y fue considerada en su momento una prueba «irrefutable» de la existencia de Nessie. En esta foto, tomada por Robert H. Rines, se observaban unas aletas romboidales semejantes a las de los plesiosaurios. Tal fue el impacto de las fotos que el naturalista británico Peter Scott usó esta «evidencia» para poner nombre científico al animal en 1975: *Nessiteras rhombopteryx*, «monstruo del lago Ness con aletas romboidales». El propósito de Scott con esta descripción fue que Nessie fuera añadido al registro británico de fauna protegida.

Los que estéis acostumbrados a este mundillo del nombramiento de especies sabréis cómo se procede para ponerle un nombre genérico o específico: para que la Comisión Internacional de Nomenclatura Zoológica reconozca un nombre, este debe aparecer publicado en una revista científica. Sí, es lo que estáis pensando: *Nessiteras rhombopteryx* fue publicado en su momento. Y la revista no era otra que la mismísima *Nature*. Pero, claro, eran otros tiempos.

466 Nature Vol. 258 December 11 1975

Naming the Loch Ness monster

Recent publicity concerning new claims for the existence of the Loch Ness monster has focused on the evidence offered by Sir Peter Scott and Robert Rines. Here, in an article planned to coincide with the now-cancelled symposium in Edinburgh at which the whole issue was due to be discussed, they point out that recent British legislation makes provision for protection to be given to endangered species; to be granted protection, however, an animal should first be given a proper scientific name.

Better, they argue, to be safe than sorry; a name for a species whose existence is still a matter of controversy among many scientists is preferable to none if its protection is to be assured. The name suggested is Nessiteras rhombopteryx.

SCHEDULE 1 of the Conservation of Wild Creatures and Wild Plants Act, 1975, passed recently by the UK Parliament, provides the best way of giving full protection to any animal whose survival is threatened. To be included, an animal should be given a common name and a scientific name. For the Nessie or Loch Ness monster, this would require a formal description, even though the creature's relationship with known species, and even the taxonomic class to which it belongs, remain in doubt.

On August 8, 1972, a team from the Academy of Applied Science, Boston, Massachusetts, working in conjunction

light illuminates an area of the animal's back and belly with a rough skin-texture. In the upper photograph there is what may be some suggestion of ribs.

Although these two photographs of the hind flipper are the main basis of the description, and the flipper-length is thought to be some 2 m, it is possible, using the evidence from other photographs and from sightings, to indicate some further features and dimensions of the animal. A total body length of 15–20 m seems possible including a neck of 3–4 m with a rather small head which may have some horn-like protuberances. Moving-target-discriminat-

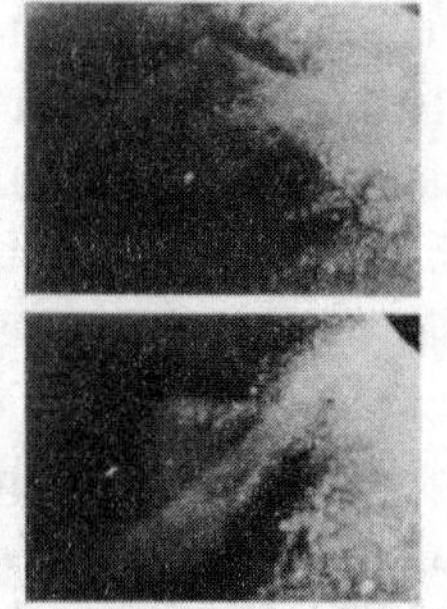

Fig. 1 Photographs taken by strobe flash at a depth of 45 feet in Loch Ness at 0150 h on August 8, 1972, showing the right hind flipper, calculated as about 2 m long, of *Nessiteras rhombopteryx*. The lower picture was taken about 1 min after the upper. The camera was stationary and aimed horizontally. The photographs were taken with equipment devised by Professor Harold Edgerton of the Massachusetts Institute of Technology and have been computer enhanced at the Jet Propulsion Laboratory, Pasadena, California. (Copyright, Academy of Applied Science, Boston, Massachusetts.)

Artículo en *Nature de Scott & Rhines* (1975) en el que describen y dan nombre a *Nessiteras rhombopteryx*. Nature Publishing Group.

Lo cierto es que las fotografías de las aletas romboidales originales, al ser analizadas, resultaron nada más que imágenes de los sedimentos del fondo del lago. Su gozo en un pozo. Desde entonces, no ha cesado el flujo de investigadores, reporteros o simples curiosos que se acercan al lago para ver si tuviesen la suerte de encontrar pruebas de la existencia o no existencia del monstruo…

Muy recientemente, en 2014, hubo una polémica foto aérea de Google Maps en la que se parecía ver algo bajo el agua. ¿Estábamos ante la primera prueba moderna de esta criatura? ¿Eran Google y las imágenes aéreas y de satélite la clave para cazarla? Pues lo cierto es que esta imagen resultó ser el halo de una embarcación. Otra vez más, su gozo en un pozo.

Lo cierto es que hay muchas razones que hacen muy,

muy, pero que muy improbable la existencia de un plesiosaurio en el lago Ness. Por un lado, nos separan 65 millones de años de ellos. Si hubieran sobrevivido, habríamos encontrado restos fósiles de plesiosaurios a lo largo de todo el Cenozoico, aunque fuesen pocos.

Por otro lado, es inviable la existencia de un solo animal, hablaríamos de poblaciones. Porque los bichos es lo que tienen, que son mortales. Y además, para que lleguen a durar millones de años, necesitan reproducirse. Y una población pequeña no es viable para esto. Genéticamente hay una serie de problemas en las poblaciones pequeñas, la llamada «endogamia» o «consanguinidad», en la que se tiende a la homocigosis, a la falta de diversidad en la población, lo cual las hace más sensibles a los cambios ambientales y además tienden a expresar genes recesivos que pueden tener efectos negativos.

Por si esto no fuera bastante, estamos hablando de reptiles, que como tal respiran aire con sus pulmones y que deberían estar constantemente asomándose a la superficie.

Si nos vamos al propio lago, vemos que es de origen glaciar. Con conexión con el mar, sí, pero con un origen «reciente», en las últimas glaciaciones. Los plesiosaurios ya llevaban muertos más de 60 millones de años.

Entonces, ¿qué explicaciones hay para el monstruo? Probablemente muchos de los avistamientos del monstruo sean confusiones con otros animales u objetos, como troncos a la deriva. De hecho, un fenómeno que puede llegar a explicar las «salidas a la superficie» de Nessie es la liberación de gases en la descomposición de troncos de árboles que se encuentren en el fondo del lago.

A todos nos encanta una buena historia, y una buena leyenda, y nuestro corazoncito quiere creer que estas criaturas pueden haber sobrevivido de alguna manera, pero lo cierto es que es altamente improbable. Por no decir imposible.

Recientemente se ha anunciado un proyecto nuevo que va a buscar la «huella genética» de Nessie. Lo que realmente va a hacerse es un inventario genético, un análisis del ADN ambiental del ecosistema del lago. Y ahí es donde se está agarrando mucha gente, al hecho de que, si se encuentran fragmentos de ADN que no cuadran con las especies conocidas en el lago, podría ser del monstruo. O no.

Nessie es solo uno de muchos «monstruos lacustres», ya que hay decenas de leyendas semejantes a lo largo y ancho del globo. Incluso hay historias de serpientes marinas que muchos criptozoólogos han querido relacionar con el cuello largo de los plesiosaurios.

Yéndonos a tierra firme, hay algunas leyendas que se han querido relacionar con dinosaurios. Es el caso del célebre Mokele-Mbembe. Se trata de una criatura mítica común al folklore de varios pueblos de África central, que habita en los pantanos del río Congo, y que es llamado de diferentes maneras por cada pueblo. Además, hablamos de un animal mítico presente en tradición oral, lo que imposibilita que haya siquiera un consenso respecto a su aspecto o tamaño. A veces se le describe como un animal de color gris o pardo, y de tamaño superior al de un elefante, de más de 4 metros de alto y entre 5 y 10 metros de largo. En otras ocasiones, su tamaño y su descripción encajarían con los de un hipopótamo. Otros describen que posee un cuello largo y flexible, con un solo diente visible, mientras que otros aseguran que lo que tiene es un cuerno. Unos pocos relatos hablan de una cola voluminosa. Ya en 1909, el famoso cazador Carl Hagenbeck se hace eco en sus memorias de muchos relatos sobre una bestia desconocida, pero sobre la que guarda cautela, ya que considera que los testimonios eran poco creíbles y se retroalimentaban unos con otros, haciendo crecer la leyenda.

Existe un relato reciente acerca de un encontronazo con este animal que acabó «como el rosario de la aurora». Según parece, un grupo de pigmeos de la tribu Bangombe en la zona del lago Telé (en la República del Congo) construyeron una pared o empalizada para mantener su poblado a salvo de estas criaturas, que consideraban peligrosas. Uno de estos animales llegó a cruzar esta empalizada, y los pigmeos lo atacaron con sus lanzas hasta abatirlo. Los nativos celebraron la victoria con un banquete en el que partes del animal abatido fueron cocinadas y consumidas, para luego resultar fatal para los consumidores, que murieron, puede que por envenenamiento alimenticio o por causas naturales, dejando un halo sobrenatural a tan fatídico evento. Este relato se sitúa alrededor de 1960 y fue narrado por William Gibbons (un criptozoólogo que ha llevado a cabo expediciones al Congo en busca de este animal), haciendo referencia al testimonio de un misionero, el pastor Thomas.

La hipótesis criptozoológica que muestra más seguidores es la de que estemos ante un dinosaurio vivo, concretamente un saurópodo, como sugerirían los testimonios que apuntan a un cuello largo, y a huellas redondeadas de gran tamaño vistas en los pantanos. Lamentablemente, se puede aplicar la misma lógica que en el caso del lago Ness para refutar esta hipótesis: para que una población de saurópodos hubiera sobrevivido hasta hoy, necesitaría ser muy numerosa, y su supervivencia durante 66 millones de años habría dejado restos fósiles —ya fuese en forma de restos directos como huesos o indirectos como huellas—

en sedimentos cenozoicos. Puede que los peligros del río Congo y sus hipopótamos sembrasen la semilla de la leyenda, y las ganas de creer de los exploradores a lo largo de décadas hicieran de catalizador para que estos relatos incorporasen elementos propios de dinosaurios, características traídas por los exploradores y cazadores, deseosos de encontrar un ejemplar o una presa dignos de ganarles un puesto en la historia.

Un «misterio» que alude también a dinosaurios es el de las inquietantes piedras de Ica, unas piedras pulidas y grabadas procedentes de Perú que son consideradas *ooparts* (del inglés *out of place artifact*, «artefactos fuera de su sitio», haciendo referencia a su anacronismo) por los fanáticos de los misterios del mundo. Lo extraordinario de estas piedras, aparentemente grabadas por los antiguos incas, es que muestran escenas anacrónicas, como operaciones quirúrgicas o animales extintos, entre ellos, dinosaurios. Estas piedras supuestamente aparecieron en el desierto de Ocucaje, en cerros en los que abundan, curiosamente, tanto fósiles como algunas tumbas incas. En 1613, el cronista peruano Juan de Santa Cruz Pachacuti menciona la existencia de piedras grabadas cerca de Ica en su obra *Relación de las antigüedades deste Reyno del Piru*. A finales del siglo XIX y principios del XX, tuvieron lugar abundantes campañas de excavación arqueológica en la provincia de Ica, pero curiosamente

La hipótesis criptozoológica para el Mokele Mbembè que muestra más seguidores es la de que estemos ante un dinosaurio vivo, concretamente un saurópodo. [Imagen del autor]

en ninguna publicación se hacen eco del hallazgo de estas piedras pulidas grabadas. Por otro lado, supuestas piedras procedentes de estos yacimientos se les ofrecen como *souvenirs* a los turistas. Finalmente, en la década de 1960 se hallaron piedras grabadas que inequívocamente procedían de tumbas, pero los motivos allí grabados eran simples, como flores o peces. Estas piedras saltaron a la fama de la mano de Javier Cabrera, un médico peruano que recibió una de estas piezas como regalo de cumpleaños, en la que aparecía una especie de pez extinto. Esto desató una fiebre por recuperar más piedras de este estilo, y aparecieron más coleccionistas e investigadores a la búsqueda de proveedores de estos artefactos. La mezcla de objetos reales procedentes de excavaciones ilegales y vendidas en el mercado negro con falsificaciones hace que se desate la polémica, sobre todo respecto a las piedras que muestran operaciones quirúrgicas o fauna extinta, como estegosaurios, *Triceratops* o pterosaurios. Los fanáticos de las teorías de la conspiración, los creacionistas, los creyentes en los ovnis como visitas extraterrestres y los criptozoólogos habían encontrado su arca de la alianza. Pero les duró poco la alegría.

Se produjeron muchas confesiones de falsificaciones, por no mencionar que estas reconstrucciones de dinosaurios eran en sí mismas erróneas, mostrando animales de diferentes periodos, y siempre especies sospechosamente famosas, salpicadas de errores anatómicos o biológicos (como saurópodos actuando como depredadores). Hoy en día no cabe duda de que estas piedras, al menos las polémicas, son falsificaciones encaminadas a engatusar a coleccionistas y crédulos que ansiaban creer en un mundo pasado más fantástico de lo que la «versión oficial» ofrecía.

Algunas de las polémicas piedras de Ica muestran dinosaurios representados de maneras curiosas, juntando especies populares de varias épocas.

Como ya he comentado, yo mismo fui muy aficionado a estos temas en mi adolescencia. Me obsesionaba con cada artículo y libro que caía en mis manos y que abría la perspectiva de un mundo más grande, más mágico, más fantástico. Con el tiempo, fui dándome cuenta de que las incoherencias entre muchos de estos «estudios» radicaban en el error humano. Las personas tendemos a querer creer, y en esa búsqueda de respuestas, corremos el riesgo de contentarnos con baratijas. Y como cada persona es un mundo, con su manera de pensar, su educación y su trasfondo cultural, las interpretaciones que podemos dar de fenómenos pueden ser muy dispares. Es por eso que fue tomando forma el método científico: no es más que un acercamiento a la naturaleza para tratar de explicarla de una manera cada vez menos errónea y menos sesgada. Citando al célebre arqueólogo ficticio Henry «Indiana» Jones Jr., del que he de reconocer que soy muy fan desde niño, no buscamos la verdad, sino los hechos. La «verdad» es un concepto más filosófico que científico. Indy se refería a la arqueología, pero esto es aplicable a cualquier campo de las ciencias o humanidades. Al investigar buscamos hechos y evidencias contrastables, para poder construir hipótesis que puedan ser puestas a prueba por nuevos hechos y evidencias.

Mi colega José Luis Crespo, físico y gran divulgador científico, hizo recientemente una reflexión en formato de vídeo referente a los ovnis en la que daba las claves para identificar cualquier luz en el cielo. Y que, únicamente cuando has descartado todas esas posibles causas (aviones, planetas, estrellas, la estación espacial, satélites), puedes empezar a abrazar la idea de haber visto un objeto volador no identificado. Tanto Crespo como yo estamos deseando ver una nave alienígena, pero nos estaríamos mintiendo a nosotros mismos si aceptamos que hemos visto una, cuando en realidad era el Meteosat. Y lo mismo es aplicable a los críptidos: yo estoy deseando creer que existan dinosaurios o plesiosaurios vivos. Pero no voy a contentarme con las migajas y creer que he sido testigo de Nessie, si lo que vi pudo ser un tronco. Y más cuando toda la evidencia está en contra de la supervivencia de estos animales durante millones de años y hasta el presente.

En la serie de ciencia ficción británica *Primeval* se jugó en alguna de sus temporadas con una explicación para los críptidos. En esta serie, existen una serie de puertas en el espacio y el tiempo, que denominan «anomalías», a través de las cuales podemos desplazarnos hacia puntos en el pasado o el futuro. Según esta serie, que contaba entre sus responsables con Tim Haines, creador de la serie documental *Caminando entre dinosaurios*, algunos animales del pasado habían cruzado anomalías y dado lugar a leyendas, siendo el mismo Nessie un ejemplo de ellas. Lamentablemente, estas puertas que comunican el pasado con el presente, y que podrían explicar la aparición de criaturas fuera de su tiempo, son pura fantasía. No hay ninguna evidencia sólida de la pervivencia de estas criaturas en remotos lugares del mundo. Y, aunque queramos creer en esa fantástica posibilidad, el acercamiento a los misterios ha de hacerse siguiendo el método científico, para tratar de minimizar el error y sesgo que llevamos de serie por ser simplemente humanos.

GRANDES DESCUBRIMIENTOS DE DINOSAURIOS DEL SIGLO XIX

Si bien los inicios de la paleontología de dinosaurios ocurrieron casi exclusivamente en Gran Bretaña, pronto esta fiebre de los dinosaurios se propagó por el resto de Europa y cruzó el Atlántico hasta Norteamérica. Ya hemos mencionado como, mientras en Inglaterra se acuñaba el término *Dinosauria*, algunos hallazgos estaban ocurriendo en Alemania, como es el caso de *Plateosaurus*, el prosaurópodo mejor conocido a día de hoy. En los años siguientes, Owen siguió investigando sobre dinosaurios. Por ejemplo, describió *Massospondylus* a partir de un esqueleto parcial recuperado en Sudáfrica, aunque no lo incluyó dentro de sus dinosaurios. También describió un dinosaurio tireóforo (acorazado) a partir de un esqueleto completo encontrado en el Jurásico inferior de Dorset en 1861, al que llamó *Scelidosaurus*. Durante mucho tiempo se tuvo a este dinosaurio acorazado de 4 metros de longitud como un tireóforo primitivo, previo a la radiación adaptativa que dio lugar por un lado a los estegosaurios, y por otro lado a los anquilosaurios. Recientemente, en 2020, un reestudio en profundidad por parte del paleontólogo David B. Norman lo ha reinterpretado como anquilosaurio primitivo, del que además se ha podido reconstruir parte de su musculatura y hasta la posición de los escudos —algo así como las «escamas grandes»— que cubrían su cráneo. Esto demuestra que un fósil, independientemente de haber sido descubierto hace más de un siglo, nunca deja de sorprendernos si lo estudiamos bajo la lupa de nuevas técnicas.

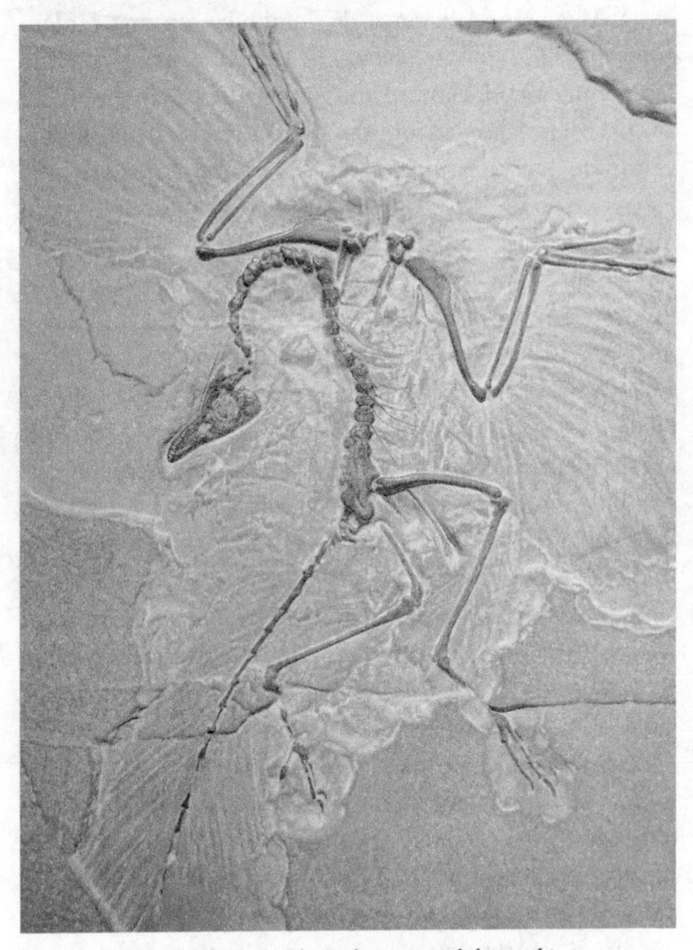

Ejemplar de Berlín de *Archaeopteryx lithographica*, posiblemente el más conocido.

Los dinosaurios de Gran Bretaña tienen que perdonarnos, pero hacia finales del siglo XIX los grandes bombazos de la paleontología de dinosaurios europea ocurrieron en otros lugares. Y para empezar, nos tenemos que desplazar hasta Alemania. Allí, cerca de Solnhofen, en una cantera con calizas litográficas (calizas de origen lacustre, con una sedimentación en estratos muy finos que permiten que se abran en lajas) de edad jurásica apareció en 1860 una pluma. El estudio de este ejemplar recayó en el paleontólogo alemán Hermann von Meyer (1801-1869), quien la describió como una pluma muy moderna, de las que llamamos «remeras» (las plumas que forman las alas de las aves), y le puso el nombre de *Archaeopteryx* (que significa «ala antigua»). Si el nombre de *Archaeopteryx* fue dado a una pluma en 1861, no fue hasta poco tiempo después que apareció un fósil de un esqueleto con impresiones de plumas, que Von Meyer identificó con el dueño de la pluma. El ejemplar casi completo estaba en poder de un coleccionista privado, el médico Carl F. Häberlein, y, en el momento en que Von Meyer lo hizo público, muchos museos trataron de hacerse con este ejemplar, que finalmente acabó en manos del Museo Británico. Al acabar en Londres, Richard Owen lo estudió detenidamente y publicó en 1863 una monografía sobre este fósil, que interpretó como un ave que retenía caracteres embrionarios. Su concepción de la diversidad animal basada en un arquetipo le impedía relacionar aves y reptiles, y los caracteres primitivos de *Archaeopteryx* los interpretó de ese modo, como una retención de caracteres embrionarios. El simple hecho de identificarla como ave tuvo mucho revuelo —nunca mejor dicho—, ya que entonces se creía que las aves habían aparecido más recientemente, a la vez que los mamíferos, a principios del terciario (que ahora llamamos Cenozoico). Que un ave apareciese en el Jurásico duplicaba la antigüedad de ese grupo y significaba que las aves habían coexistido con los dinosaurios y los habían sobrevivido.

Justo un año antes del hallazgo de la pluma de *Archaeopteryx*, Charles Darwin había publicado su obra *El origen de las especies* y se había armado toda la polémica posible. A pesar de que ya había ideas evolutivas anteriores (ver el capítulo «La revolución de la evolución»), el libro llegó muy lejos y popularizó esta idea, por primera vez proponiendo mecanismos y usando evidencias de animales y plantas, tanto extintos como vivos. No obstante, los que se oponían a la evolución en cualquiera de sus formas se agarraban al clavo ardiendo de la inexistencia de «formas intermedias» entre linajes de animales o plantas. El hallazgo de *Archaeopteryx*, que tenía tanto características de ave como de reptil, era revolucionario como evidencia directa del proceso evolutivo. Uno de los colegas de Darwin, Thomas Henry Huxley (1825-1895), publicó un estudio de *Archie*, corrigiendo errores de la interpretación de Owen —que los había— e interpretando los rasgos primitivos como reptilianos, aunque consideraba también que se trataba de un ave. De alguna manera, Huxley incluso apuntó en dirección al origen dinosauriano de las aves al señalar las semejanzas entre *Archaeopteryx*, *Megalosaurus*, *Compsognathus* (un pequeño dinosaurio carnívoro también descubierto en Solnhofen) e *Iguanodon*. Hasta propuso un nombre para el linaje que incluyera dinosaurios (tal y como se concebían entonces) y las aves, grupo al que denominó *Ornithoscelida*. Quizá os suene este nombre, ya que recientemente (en 2017), en un estudio de los dinosaurios más primitivos realizado por los paleontólogos británicos Matthew Baron, David Norman y Paul Barrett, se propuso una agrupación diferente de los linajes dinosaurianos, proponiendo que terópodos y ornitísquios se agrupasen en un clado o linaje con dicho nombre.

En 1877 se encontró otro ejemplar en Solnhofen, que fue adquirido por el Museum für Naturkunde de la Universidad Humboldt, en Berlín. Este ejemplar es hasta el momento el más espectacular, por estar en magnífica conexión anatómica —esto significa que los huesos estaban articulados de la misma manera que se encontraban en el animal vivo— y con las alas abiertas, mostrando el plumaje como si se tratase de una figura celestial. Con el paso del tiempo se fueron encontrando y publicando hasta 10 ejemplares de *Archaeopteryx*, aunque con el creciente registro fósil de aves primitivas algunas han sido asignadas a nuevos géneros, como *Ostromia* (a partir del ejemplar del Museo de Haarlem) en 2017. La pluma original que dio nombre al género pasó a segundo plano con tantos ejemplares de esqueletos, hasta el punto de que se consideró que era dudosa su asignación a *Archaeopteryx* por tratarse de una sola pluma suelta. En 2020, no obstante, un reestudio en detalle de esta pluma ha permitido determinar que encaja perfectamente con las plumas conocidas para *Archie* a día de hoy, con lo cual podemos respirar tranquilos: la pluma original que dio nombre a *Archaeopteryx* perteneció muy probablemente al propio *Archaeopteryx*.

El segundo gran hito —y tan grande— de la dinosauriología europea de la segunda mitad del siglo XIX tuvo lugar en Bélgica. Allí, el 28 de febrero de 1878, en una mina de carbón en Bernissart, a 322 metros de profundidad, en el pozo de Santa Bárbara, los mineros Jules Créteur y Alphonse Blanchard creyeron haber encontrado un tesoro singular: un tronco fósil con oro en su interior. ¡Imaginaos qué alegría! Pues, nunca mejor dicho: su gozo en un pozo. Aunque no había rastro de oro, habían descubierto un primer elemento de un verdadero tesoro. No se trataba de un tronco relleno de oro, sino enormes huesos fósiles con pirita en su interior (la pirita puede llegar a ser confundida con oro, de ahí su sobrenombre «el oro de los tontos»). La determinación la realizó el zoólogo belga Pierre-Joseph van Beneden, gracias a que entre el material extraído había dientes, que resultaron ser de *Iguanodon*. Ese mismo año empezaron las excavaciones, que duraron tres años, contra viento y marea (inundaciones de las galerías, colapsos, terremotos), y se llegaron a extraer 600 bloques, que fueron transportados en camiones hasta unas dependencias del Museo Real de Historia Natural de Bélgica en Bruselas. Estas dependencias del museo se encontraban en el palacio gótico de Nasau, concretamente en la capilla de San Jorge. En *Cazadores de dragones*, José Luis Sanz reflexiona sobre la paradoja de que «el campeón matadragones de la cristiandad, san Jorge, velaba por la seguridad de los huesos de dragones fósiles del pasado». En esta capilla, los huesos fósiles se iban preparando y restaurando, encaminados no solo a su estudio, sino al montaje de sus esqueletos. Y es que estamos hablando de muchos esqueletos completos. Hasta ahora teníamos un puñado de huesos de este dinosaurio, pero en Bernissart se llegaron a recuperar 24 esqueletos más o menos completos, así como otros incompletos.

Los ejemplares de Iguanodon hallados en Bernissart permitieron conocer el esqueleto completo de este dinosaurio. Dollo propuso la postura canguroide con la cola apoyada en el suelo basándose en los canguros. Esta imagen perduró mucho tiempo en las reconstrucciones de dinosaurios durante décadas.

El estudio de este material recayó en el ingeniero de minas Marie Joseph Louis Dollo (1857-1931), quien dedicó toda su vida al estudio de los ejemplares de *Iguanodon* y otros vertebrados que se extraían de la mina de Bernissart. Dollo estudió atentamente la anatomía de los huesos de *Iguanodon*, tratando de reconstruir aspectos del estilo de vida de este animal, sentando las bases de lo que hoy día llamamos paleobiología. Así, llegó a la conclusión de que *Iguanodon* era en realidad un dinosaurio bípedo, para el que infirió una postura semejante a la que Leidy había propuesto para *Hadrosaurus*, con la cola apoyada en el suelo a modo de tercera pierna, en una postura semejante a la de los actuales canguros.

Dollo infirió la postura bípeda a partir de una serie de características del esqueleto de *Iguanodon*: al igual que Leidy con *Hadrosaurus*, reparó en el pequeño tamaño de su extremidad anterior respecto a la posterior, así como en el número de dedos en manos y pies (siendo tres en los pies, pero cinco en las manos). Algo muy novedoso fue que, gracias a estos ejemplares completos, Dollo vio semejanzas entre *Iguanodon* y la anatomía de las aves, como su cuello relativamente largo, o tener una caja torácica corta. En cuanto a su estilo de vida, no obstante, Dollo seguía infiriendo hábitos anfibios, interpretaba su potente cola como adaptada a la natación, como es el caso de los cocodrilos. Así, pasamos de la concepción de lagarto con postura cuadrúpeda mamiferiana a ser una especie de reptil bípedo con afinidades avianas, solo que conservando unos hábitos semiacuáticos. ¿Recordáis como vimos que las reconstrucciones son un reflejo de la época y el conocimiento científico de la época en la que se realizan? En pocos años pasamos de reconstruir este dinosaurio con pocos huesos a tener ejemplares completos, y la visión de este animal cambió radicalmente. El primer esqueleto montado de *Iguanodon* se exhibió en 1883 en el propio palacio de Nassau, y con el tiempo se le fueron uniendo el resto de esqueletos. Ya a principios del siglo XX, en 1902, fueron trasladados a su hogar definitivo en el Museo Real de Historia Natural de Bélgica, en Bruselas (actualmente el Museo de Ciencias Naturales de Bélgica).

¡Es hora de «cruzar el charco»! Ya hemos visto como a finales de la década de 1830 aparecieron unos enormes huesos en Nueva Jersey. En este yacimiento, Joseph Leidy y su equipo desenterraron un esqueleto parcial de un enorme dinosaurio, al que este paleontólogo puso el nombre de *Hadrosaurus foulkii*. Este solo fue el primero de decenas de hallazgos que iban a acontecer en los años siguientes. En Estados Unidos fue probablemente el lugar en que esta fiebre por los dinosaurios pegó más fuerte, y tuvieron lugar grandes expediciones en busca de nuevos esqueletos. Por aquel entonces nos encontramos entre los periodos de la reconstrucción y la Gilded Age. Fue un momento de gran expansión y desarrollo. Y también el momento en que tuvo lugar la llamada popularmente «conquista del Oeste». Fue en ese momento cuando se popularizaron algunos términos cargados de significado, como «frontera» o «lejano Oeste» para referirse a esos territorios desconocidos que todavía no habían sido explorados.

A este lado del charco, al menos a nivel popular, somos grandes desconocedores de la historia americana. En una ocasión colaboré con mi gran amigo Pedro Pérez, a quien llamamos Peter por su canal de divulgación histórica *El Cubil de Peter*, para contar la historia de los grandes descubrimientos de dinosaurios del lejano Oeste. Más allá de completar el relato con un contexto histórico, yo mismo aprendí infinidad de cosas sobre este periodo y la historia americana en general. Un periodo de expansión, de fiebres del oro y de creación de asentamientos y ciudades que atrajo a todo tipo de personas. Incluso a muchos delincuentes, razón por la cual se popularizó ya por aquel entonces que el uso de armas de fuego entre la población de estos territorios. También por esta necesidad de protección aparecieron en escena otra de las grandes figuras icónicas de este periodo, los *sheriffs*. Todo esto, no olvidemos, con el telón de fondo de los nativos americanos, que sufrieron en primera persona la expansión de los EE. UU. Fue en este panorama cuando tuvo lugar este gran y terrible episodio de la historia de la paleontología. Sí, fue un episodio grande a la par que terrible.

A principios de la década de 1870 llegaban muchas noticias de hallazgos de restos fósiles desde el oeste, cosa que hizo que dos grandes paleontólogos se interesasen por estas tierras: Othniel Charles Marsh (1831-1899) y Edward Drinker Cope (1840-1897). Marsh y Cope emprendieron una carrera por convertirse en el paleontólogo que más especies nuevas encontraba, pero, más allá del interés científico, los movía su gran rivalidad, queriendo ridiculizar al otro en todo momento. Esta rivalidad, que conllevó decenas de especies nuevas descubiertas para la ciencia, sin embargo, fue un ejemplo de malas prácticas de tal magnitud y violencia entre ellos, que pasó a la historia con el nombre de «la guerra de los Huesos».

Todo empezó en Europa, cuando Marsh y Cope se conocieron y se hicieron amigos. Al principio, su relación fue muy cordial, e incluso llegaron a dedicarse alguna especie. Cope describió *Ptyonius marshii*, un anfibio en honor a Marsh. Mientras que este le dedicó a Cope la especie *Mosasaurus copeanus*, un reptil marino cretácico. Pero con el tiempo sus caracteres fuertes, temperamentales y desconfiados hicieron que se enemistaran. Y como ambos tenían fortunas familiares que gastaban en financiar sus investigaciones, esta rivalidad fue a lo grande.

Cope era discípulo de Leidy, de manera que de alguna forma se sentía heredero académico suyo. Por esta razón, el primer roce lo tuvieron cuando Marsh trató de hacerse con el control de unos huesos fósiles aparecidos en el área donde Leidy había encontrado su *Hadrosaurus*. En 1868, Cope publicó los restos de un nuevo reptil marino del Cretácico superior de Kansas, un plesiosaurio de cuello muy largo al que llamó *Elasmosaurus*, y dos años después se montó su esqueleto en la Academia de Ciencias de Filadelfia. Delante del montaje y en presencia de Leidy, Marsh declaró públicamente que Cope había colocado el cráneo del *Elasmosaurus* al final de la cola, y Leidy, lamentablemente, tuvo que darle la razón. Este momento tuvo que ser terriblemente bochornoso para Cope y fue clave en la enemistad de estos dos investigadores.

Retratos de Othniel Charles Marsh y Edward Drinker Cope.
Su rivalidad hizo estallar la llamada guerra de los Huesos.

Total, que en este momento de expansión, y con noticias de los hallazgos de huesos fósiles, ambos investigadores se aventuraron a organizar expediciones en busca de nuevos hallazgos, y sobre todo motivados con descubrir más especies nuevas para la ciencia que su oponente.

En 1876, uno de los más reputados excavadores, Charles Sternberg, se unió a la expedición de Cope a Montana, a la conocida formación Judith River. Al llegar a la altura de Helena, fueron avisados de la derrota del general Custer frente a los nativos, pero decidieron asumir el riesgo y continuar con su expedición, en la que encontraron los fósiles del ceratopsio que Cope llamó *Monoclonius*, un género que ahora se considera dudoso, y posiblemente sinónimo de *Centrosaurus*.

Los orígenes de un gran hallazgo ocurrieron al año siguiente, en 1877, cuando dos maestros locales de Colorado se encontraron unos huesos de gran tamaño. Uno de estos maestros, Arthur Lakes, mandó algunos huesos a Marsh. Y otros a Cope. Cuál fue su intención al mandarles huesos a ambos lo desconocemos. Quizá así se aseguraba tener más probabilidades de que alguno de los dos le hiciera caso. El otro maestro local, Oramel William Lucas, actuó de la misma manera. Cope se interesó mucho por el material de ambos maestros, pero Marsh parecía no creerse las noticias que llegaban de huesos gigantes de Colorado. Cope respondió a Lucas sobre el hueso que había encontrado en Garden Park, cerca de Canyon City, y llegaron a un acuerdo económico, en el que Lucas enviaría huesos a Cope en Filadelfia, pagándole 10 centavos cada libra de hueso fósil. Oramel y su familia trabajaron en la excavación del yacimiento de Garden Park y extrajeron fósiles muy interesantes, como el primer ejemplar del saurópodo que Cope llamó *Camarasaurus*. Durante este tiempo Marsh hacía caso omiso de los avisos de huesos fósiles en Colorado, hasta que un empleado de Marsh llamado David Baldwin y natural de Canyon City vio que se estaban vendiendo fragmentos de huesos como si fueran troncos petrificados. Tras el aviso de Baldwin, Marsh se apresuró a contestar a Lakes, pagándole 100 dólares para que le mandara todos los huesos y pidiéndole su discreción. Recordemos que Cope había recibido material de Lakes y había empezado a estudiarlo, cuando el maestro y naturalista le escribió para que se los mandara a su archienemigo. ¿Te imaginas ese momento, cuando Cope recibió esa carta? ¿Qué clase de broma era esa? Con parte de los huesos excavados en Canyon City, Marsh describió al popular saurópodo *Diplodocus* y al terópodo *Ceratosaurus*. Sin embargo, la suerte pareció favorecer esta vez a Cope, ya que los huesos fósiles excavados por Lucas en Canyon City eran más grandes y mejor conservados. No solo *Camarasaurus* apareció en aquel yacimiento, Cope describió allí un terópodo de mediano tamaño que llamó *Laelaps* (nombre que, lamentablemente ya estaba «pillado» para un ácaro, ocasión que aprovechó Marsh para renombrarlo como *Dryptosaurus* y arrebatarle una autoría a su rival) y dos ornitópodos que llamó *Brachyrophus* y *Symphryophus* (que también tiempo después fueron considerados sinónimos de *Camptosaurus*, un ornitópodo publicado por Marsh). Y es que uno de los problemas de esta guerra fue la prisa por publicar especies nuevas. En esta carrera frenética, se describían ejemplares muy incompletos, o su estudio era demasiado rápido como para ser de mayor calidad. Muchas de las especies que publicaron ambos resultaron ser inválidas. Pero muchas otras han acabado siendo de los dinosaurios mejor conocidos.

En otra ocasión, Marsh fue informado de una zona muy rica en huesos fósiles en el área de Como Bluff, Wyoming. Tras mandar a uno de sus asistentes a inspeccionar la zona y los restos, se dio cuenta del potencial y rápidamente trasladó sus equipos de excavación. De esta rica área de yacimientos proceden dinosaurios tan emblemáticos como *Camptosaurus*, *Brontosaurus* o *Allosaurus*. Y, cómo no, Cope y sus excavadores también excavaron en esa zona.

Respecto a *Brontosaurus* —que, estaréis de acuerdo conmigo, es uno de los mejores nombres de dinosaurio de la historia—, este dinosaurio fue considerado un sinónimo de *Apatosaurus* en 1903, en una revisión de este material por el paleontólogo Elmer Riggs (1869-1963) del Museo Field de Historia Natural de Chicago. Riggs consideraba que no era lo bastante diferente de *Apatosaurus*, y que por lo tanto Marsh había patinado nombrando dos especímenes muy semejantes como géneros distintos. Así, *Brontosaurus* quedó invalidado durante más de un siglo, hasta que en 2015 un reestudio filogenético (un estudio de los caracteres novedosos para resolver su parentesco, de esto hablaremos más adelante) de todos los especímenes de diplodócidos (familia a la que pertenecen tanto *Apatosaurus*, como *Barosaurus*, como, por supuesto, *Diplodocus*) consideró de nuevo que *Brontosaurus* no solo era válido, sino que tendría tres especies: *B. excelsus*, *B. parvus* y *B. yahnahpin*.

Pero la cosa no quedaba en una persecución de las formaciones o áreas de excavación. Había espionaje, robos e incluso llegaron a sabotear yacimientos, dinamitándolos para que el rival no los encontrara. Hechos terribles y descorazonadores, con destrucción de patrimonio. Y a nivel científico la cosa no era ejemplar tampoco. Y, como hemos visto, se describían estos esqueletos muy rápidamente, de cualquier manera, a veces con material insuficiente, a veces nombrando dos veces el mismo animal.

Fueron unos años de expediciones con malas prácticas, pero también grandes aventuras, a veces entrando en tierras sagradas para los nativos americanos en busca de fósiles, con estrellas invitadas como William Frederick «Buffalo Bill» Cody, el coronel George Armstrong Custer o el jefe siux Nube Roja. Antes de la guerra de los Huesos, según José Luis Sanz en *Cazadores de dragones*, solo se conocían 18 dinosaurios en Norteamérica. Tras esta primera fiebre de los dinosaurios, el recuento ascendía a 148. Habían descrito 130 nuevas especies. Además de la cantidad de especies nuevas de dinosaurios y otros vertebrados fósiles, hubo grandes avances en la clasificación de los dinosaurios. Por ejemplo, Marsh es en parte responsable también de la clasificación actual de los dinosaurios, acuñando términos como *Ornithopoda*, *Sauropoda* o *Theropoda*, que seguimos usando a día de hoy.

También Marsh es autor de uno de los dinosaurios más queridos. En 1887, Marsh estudió y publicó un fragmento de cráneo con cuernos encontrado en Denver, que, creyendo que era de edad terciaria, atribuyó a un ancestro de los bisontes llamado *Bison alticornis*. Tiempo después, nuevos y más completos hallazgos en Wyoming le hicieron darse cuenta de que se trataba de un dinosaurio, al que llamó *Triceratops* en 1891. Y es que, a pesar de que la mayoría de especies de dinosaurio descritas durante la guerra fueran del Jurásico superior, se realizaron también importantes hallazgos cretácicos. En 1884, el geólogo Joseph Burr Tyrrell (1858-1957) se encontraba con su equipo cartografiando un área en Alberta (Canadá) cuando encontró los restos de un enorme terópodo que fue estudiado por Cope, quien lo llamó *Albertosaurus* («lagarto de Alberta»), que hoy sabemos que es un pariente muy cercano del célebre *Tyrannosaurus rex*.

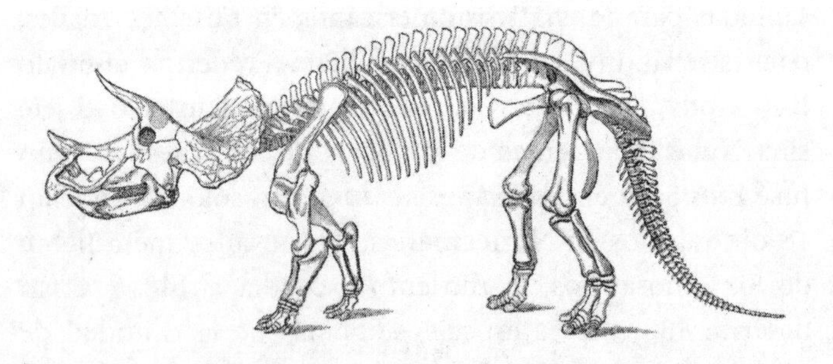

En 1891, Marsh publicó un dinosaurio al que llamó *Triceratops*, el cual ha llegado a ser uno de los dinosaurios más populares.

Podemos considerar que la guerra de los Huesos termina alrededor de 1890, cuando la rivalidad de estos dos paleontólogos se convirtió en un escándalo público. Hasta entonces solo la comunidad paleontológica tenía conocimiento de tal rivalidad, pero en este momento se hizo pública. Cope llevaba registro de los errores y malas prácticas de Marsh, que acabaron publicados en un periódico. Los ataques en público de Marsh y Cope y sus simpatizantes y detractores fueron un verdadero y bochornoso escándalo, que llegó a salpicar a la comunidad científica hacia finales de siglo. Afortunadamente, estos escándalos tuvieron un menor recorrido que sus hallazgos y aventuras, y, cuando las aguas volvieron a su cauce, quedó un poso más dulce que amargo. Sus aventuras y descubrimientos calaron muy hondo en la cultura norteamericana, haciendo que el descubrimiento de estos dinosaurios y otros vertebrados, así como la propia paleontología, se popularizara de la mano de un periodo tan icónico como es la conquista del Oeste. Su legado también fue la profesionalización de la propia carrera en paleontología y el descubrimiento del potencial que tenía el oeste norteamericano para la ciencia de la paleontología.

El epílogo de esta historia es a la vez la semilla de la que nace la segunda fiebre de los dinosaurios, que ya se desarrolla a principios del siglo XX. Y que, gracias a los dioses, no estuvo marcada por odios ni malas prácticas. Esta historia podemos acabarla con la aparición de una figura clave para esta segunda fiebre dinosauriana: Henry Fairfield Osborn (1857-1935), un joven adinerado, heredero de un magnate ferroviario, que sintió curiosidad por los hallazgos de dinosaurios en el oeste. Osborn y su amigo William B. Scott acudieron a la Academia de Ciencias de Filadelfia a pedir consejo a Cope, que se convirtió en su mentor. Estudiaron en Princeton, Inglaterra y Alemania. Realizaron tres campañas de excavación en Wyoming de 1877 a 1879. En 1891, Osborn consiguió una plaza en el Museo Americano de Historia Natural, donde creó el Departamento de Paleontología de Vertebrados, dispuesto a seguir los pasos de su maestro Cope y llenar el museo —que, la verdad, era poca cosa entonces— de nuevos especímenes de dinosaurios y otros vertebrados. Compró la colección de fósiles de Cope para el museo cuando su maestro estaba ya arruinado (tanto Marsh como Cope acabaron arruinados, dilapidando sus fortunas en la guerra) y empezó sus propias campañas de prospección (proceso de búsqueda activa de yacimientos) y excavación. ¿Por dónde empezó? Por los yacimientos inicialmente explotados por Marsh en la localidad de Como Bluff, Wyoming, en 1897. ¿Fue deliberadamente un movimiento de reclamo de estos yacimientos a modo de venganza, justo cuando acababa de fallecer Cope y a Marsh le quedaba año y pico de vida? Nunca lo sabremos. Pero, en esa misma campaña, uno de los paleontólogos del equipo del museo, Walter Granger, encontró una ladera cubierta de fragmentos de huesos de dinosaurios del Jurásico superior, hallazgo que no se comunicó hasta reunir los medios suficientes para empezar la excavación de esta colina al año siguiente, en 1898. Este yacimiento se ha llamado clásicamente como Bone Cabin Quarry, porque se cuenta que en esa colina un pastor construyó una cabaña usando fragmentos de huesos de estos dinosaurios. Según cuenta Sanz en *Cazadores*, puede que la Bone Cabin se construyera posteriormente, y que, cuando Granger encontró la colina de huesos, no estuviera todavía. Dejando de lado lo que la tradición cuenta de este hallazgo, en 1898 empezó la excavación de un yacimiento que marcaría el inicio de esta segunda fiebre de los dinosaurios en el continente americano.

Excavación en el yacimiento de Bone Cabin en 1898.

LA REVOLUCIÓN DE LA EVOLUCIÓN

A estas alturas del libro ya hemos tenido que mencionar a Charles Darwin (1809-1882), así como su libro *El origen de las especies*, publicado un año antes del hallazgo del primer fósil de *Archaeopteryx*. No obstante, las ideas que implicaban cierto cambio en los seres vivos tienen una historia más larga. Aunque pudo haber posibles ideas transformistas en la naturaleza disertadas por filósofos griegos, o por doctrinas taoístas, la primera persona de la que tenemos noticia de proponer un origen o antepasado común a todos los seres vivos fue Darwin. Pero no Charles, sino su abuelo, Erasmus Darwin (1731-1802), en su obra *Zoonomia* (1794).

Dejando de lado antecedentes de este tipo, fue Jean Baptiste Lamarck (1744-1829) quien propuso una primera teoría «transformista» o evolucionista, según la cual los organismos actuales descienden de otras especies anteriores. Lamarck fue un naturalista francés. Inicialmente, un oficial del Ejército; tras un accidente y lesiones, se licenció y pasó a trabajar primero como contable, y después acabó estudiando, como tantos otros naturalistas, Medicina. Pero Lamarck no llegó a ejercer como médico, empieza a investigar en cuestiones botánicas y posteriormente se interesa por los animales invertebrados. En 1809, publica su tratado de *Filosofía zoológica*, en el que expone sus ideas evolucionistas.

Podemos considerar que Jean Baptiste Lamarck (1744-1829) fue el primero en proponer una primera teoría evolucionista, según la cual los organismos actuales descienden de otras especies anteriores.

Lamarck proponía en su obra que la biodiversidad actual habría evolucionado a partir de otros organismos más primitivos. Sin embargo, lo verdaderamente único y llamativo de la teoría evolutiva de Lamarck era que este cambio estaba causado por los propios organismos. Según pensaba, los medios en los que vivían los animales, así como cambios en estos medios, generaban una serie de necesidades, y los animales podían reaccionar cambiando, adaptándose en vida. Los que lograban cambiar legaban estos cambios a sus descendientes. Este mecanismo, comúnmente llamado «lamarckismo» en honor a su autor, se suele resumir con el ejemplo de las jirafas.

Imaginemos una población hipotética de jirafas de cuello corto (de las que, todo sea dicho, tenemos evidencia en el registro fósil). Aunque haya variabilidad en la población, en principio todas llegan a las ramas de la misma altura de los árboles. Sin embargo, existen más hojas tiernas a mayor altura, en ramas superiores. Según Lamarck, las jirafas serían capaces de adaptarse, estirando el cuello —o sus extremidades— hasta poder llegar a más hojas que antes. Estas jirafas «estiradas» serían capaces de transmitir esta característica, esta adaptación, a sus descendientes. Así, los seres vivos irían cambiando adaptándose a los cambios en el ambiente en el que viven mediante un proceso que resumía como «herencia de los caracteres adquiridos». Tú mismo cambias, y les transmites esta característica a tus hijos. Estas ideas pueden parecer absurdas —y de hecho han quedado obsoletas—, pero tuvieron muchos adeptos durante mucho tiempo. ¡El propio Edward D. Cope era de una corriente «neolamarkista»! Sea como sea, y aunque nos parezca una marcianada, tened en cuenta que entonces no sabíamos cómo ocurría la herencia biológica.

Como ya hemos visto al comienzo de nuestro viaje, tradicionalmente, y debido en parte a la tradición judeocristiana y la interpretación literal del libro del Génesis, se creía que las especies eran inmutables. Esto generó que

Lamarck se enfrentase a grandes pensadores de la época, como al mismísimo Cuvier, que estaba convencido de que las especies no cambiaban y de que los cambios de las faunas que se observan en el registro fósil, como ya vimos, se debían a los procesos de extinciones catastróficas y repoblamiento posterior por los supervivientes.

Ernst Heinrich Haeckel (1834-1919), un naturalista y filósofo alemán, que apoyó el darwinismo y lo popularizó en Alemania, escribió sobre la obra de Lamarck:

> Todas las proposiciones más importantes de la biología mecánica (refiriéndose a una biología que no necesita de intervenciones divinas ni milagros para explicarse) están ya formuladas en la *Filosofía Zoológica.* Si el admirable esfuerzo intelectual de Lamarck fue casi desconocido en su tiempo, ello se debe de una parte á la grandeza del paso de gigante por el cual se adelantaba en medio siglo á sus contemporáneos, y por otra á que faltaba á su obra una base experimental suficiente.

Inicialmente, Charles Robert Darwin (1809-1882) empezó sus estudios universitarios a la temprana edad de dieciséis años y cursó estudios en Medicina —oh, vaya sorpresa, ¿verdad?—. Con el tiempo, su atención viró pronto hacia las ciencias naturales, en especial al estudio de los seres vivos y la geología, siendo un gran seguidor de los trabajos de Charles Lyell (de hecho, suele decirse que las ideas de Lyell sobre el uniformitarismo, de cómo los procesos geológicos actuales pueden explicar la geología del pasado, tuvieron mucha influencia en la obra e ideas de Darwin). Tal fue la pasión que despertó en el joven el estudio de la naturaleza que no pudo sino aceptar la posición de naturalista de a bordo del velero bergantín HMS Beagle, a pesar de la no retribución y de la inicial negativa de su propio padre por considerar esta expedición «una pérdida de tiempo». En esta expedición, cuyos objetivos eran principalmente geográficos e hidrográficos. El capitán Robert FitzRoy, preocupado por recoger información útil durante el viaje, propuso que se buscara un científico con quien estaría dispuesto a compartir su alojamiento, y el elegido fue Darwin, que aceptó embarcarse con la condición de que pudiese tener la libertad de bajar del Beagle al llegar a tierra y retirarse de la expedición cuando él lo estimara adecuado, para así poder continuar con su investigación. A cambio, pagaría una parte justa de los gastos del camarote que compartiría con FitzRoy. Al principio, el capitán FitzRoy tuvo algunas reticencias a aceptar a Darwin como naturalista de a bordo debido a su nariz. ¡Y es que en aquel momento estaba muy de moda la frenología, una pseudociencia que trataba de relacionar los rasgos físicos con el carácter, y la nariz de Darwin le resultaba sospechosa a FitzRoy! Afortunadamente, esto se quedó en una simple anécdota, y el joven Darwin se unió a la expedición.

En 1831 zarpaban desde Plymouth para lo que en principio iban a ser dos años, pero que acabaron siendo cinco. Durante este tiempo Darwin se dedicó a continuar sus estudios sobre geología y a recopilar especímenes biológicos, a la vez que el equipo del Beagle medía las corrientes oceánicas y cartografiaba las costas por las que iban pasando. Cuando finalmente el Beagle volvió a puerto cinco años más tarde, Darwin había ido recopilando miles de especímenes y datos, y su fama había ido creciendo, siendo considerado ya una celebridad en los círculos científicos y académicos de la época, que aguardaban su regreso.

Las observaciones realizadas por Darwin durante este viaje, y que fue recopilando como parte del diario de a bordo, le permitieron estudiar la gran diversidad de formas de vida actuales, y algunas extintas —como, por ejemplo, las faunas de mamíferos extintos del Pleistoceno de Sudamérica—. A la luz de sus observaciones, llegó a la conclusión de que las especies de animales y plantas actuales habían surgido a partir de otras en el pasado ¡que habían evolucionado, como había propuesto Lamarck! Lo novedoso de su idea es que esta evolución había ocurrido debido a la escasez de recursos en el ambiente y a la variabilidad intraespecífica, llegando a sobrevivir únicamente los más aptos mediante un proceso que denominó «selección natural».

Medalla conmemorativa de la Linnean Society para el 50 aniversario de la presentación de la Teoría de la Evolución por Selección Natural presentada por Darwin y Wallace en 1858.

Dicen los ingleses que «grandes mentes piensan igual» (*great minds think alike*), y este caso es de libro. Otro naturalista, Alfred Russell Wallace (1823-1913), tras pasarse la vida estudiando la flora y la fauna del Amazonas y del archipiélago malayo, había llegado a una conclusión muy parecida: que las especies habían evolucionado por medio de un mecanismo análogo a la selección natural de Darwin.

Darwin y Wallace mantuvieron correspondencia e intercambiaron sus ideas y conclusiones. Por aquel entonces Darwin estaba preparando la publicación de su libro, pero por sugerencia de sus colegas Lyell y Hooker, entusiasmados con sus ideas evolutivas y con su trascendencia, presentó su teoría a través de la ponencia «Sobre la tendencia de las especies a crear variedades, así como sobre la perpetuación de las variedades y de las especies por medio de la selección natural» ante la Sociedad Lineana de Londres el 1 de julio de 1858, incluyendo a Wallace como codescubridor. Wallace agradeció enormemente haber sido incluido en esta presentación, ya que Darwin era mucho más conocido e influyente en la comunidad científica británica, lo cual pudo ayudar a Wallace a hacerse un hueco. Así mismo, también le dio un impulso a su teoría evolutiva que no habría tenido trabajando por sí solo. A veces, en la historia de la ciencia hay bonitas historias de colaboración en las que salen ganando todos. ¡No todo iba a ser guerra de los Huesos!

Para Darwin y Wallace, su evolución por medio de la selección natural se basaba en varios puntos. En primer lugar, los organismos producen más descendientes de los que el medio puede soportar. En segundo lugar, existe una variabilidad intraespecífica, lo que significa que no todos los individuos de una especie son iguales. En tercer lugar, y como consecuencia de las dos primeras premisas, la competencia por estos recursos limitados lleva a una lucha por estos entre los individuos de una especie, e incluso entre individuos de especies con comportamientos o dietas semejantes.

Consecuentemente, esto lleva a que lleguen a vivir más tiempo y tengan descendencia los que poseen las variedades mejor adaptadas, los que llamaron «los más aptos». Esto a la larga nos lleva a la evolución de nuevas especies.

Sin embargo, en su momento Darwin había aceptado las ideas transformistas de Lamarck, por lo cual el darwinismo original no estaba tan contrapuesto al lamarckismo. Y es que, al igual que le pasaba a Lamarck, faltaba conocer los mecanismos según los cuales se produce la herencia. Todavía faltaban algunas piezas del puzle. Y es que Gregor Mendel (1822-1884) no presentaría sus investigaciones sobre hibridación y herencia en 1865, dando lugar a las leyes de Mendel, que suponen el nacimiento de la genética moderna.

A pesar del bombazo que suponía haber propuesto un mecanismo que explicase la evolución y evidencias de esta, la presentación oficial de Darwin en la Sociedad Lineana no tuvo mucha repercusión. De hecho, incluso desde la Sociedad se dijo que en 1858 no había habido grandes descubrimientos reseñables. Pero, al año siguiente, Darwin dio la campanada con la publicación de su libro *El origen de las especies*. La repercusión fue mucho mayor para bien y para mal, sacudiendo a la comunidad científica, e incluso llegando a influir a nivel social. ¡Era la primera vez que ideas que invalidaban la creación de las especies llegaban lejos y podían ser leídas en un libro! Como ya vimos, poco tiempo tras la publicación de *El origen*, el hallazgo de *Archaeopteryx* fue recibido como una prueba irrefutable de la evolución (a pesar de la oposición de gente igualmente influyente como Richard Owen), y, con el tiempo, las evidencias se han ido amontonando. Aunque al principio costase que la evolución por selección natural calara, para finales del siglo XIX, prácticamente todos los paleontólogos la habían abrazado.

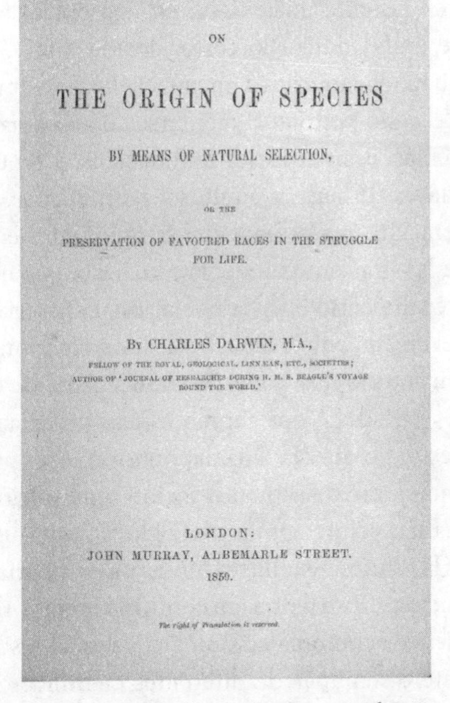

ON

THE ORIGIN OF SPECIES

BY MEANS OF NATURAL SELECTION,

OR THE

PRESERVATION OF FAVOURED RACES IN THE STRUGGLE FOR LIFE.

BY CHARLES DARWIN, M.A.,

FELLOW OF THE ROYAL, GEOLOGICAL, LINNÆAN, ETC., SOCIETIES;
AUTHOR OF 'JOURNAL OF RESEARCHES DURING H. M. S. BEAGLE'S VOYAGE ROUND THE WORLD.'

LONDON:
JOHN MURRAY, ALBEMARLE STREET.
1859.

The right of Translation is reserved.

Portada original del libro de Charles Darwin *El Origen de las Especies por medio de la Selección Natural* (1859). Fue este libro el causante de tanto revuelo científico y social, no la presentación en la reunión científica del año anterior.

Fue en este momento, a finales del siglo XIX, que se gestó una primera revisión de la teoría de la evolución que fue llamada «neodarwinismo». En este momento, gracias a los trabajos de biólogos como Gregor Mendel o el zoólogo y embriólogo August Weisman, se refutan —por fin— las ideas de herencia lamarckista; se establece que es la reproducción sexual la que genera la variabilidad intraespecífica, y que la selección natural actúa sobre esta variabilidad.

Según este nuevo enfoque, aquella fábula de las jirafas de Lamarck necesita un *remake*: en una población de una especie de jirafas de cuello corto, debido a la variabilidad entre individuos, aquellos con un cuello ligeramente más largo que el resto podrían alimentarse de más hojas y brotes que los demás, estarán mejor alimentados, y tendrían más probabilidades de llegar a adultos y reproducirse. Debido a esto, generación tras generación, la longitud media de los cuellos de las jirafas irá aumentando, hasta que no queden jirafas de cuello corto en esta población. Esta sería la nueva versión del crecimiento del cuello de las jirafas por medio de la selección natural vista por el neodarwinismo. Ha cambiado el cuento, ¿verdad? ¿A que ahora ya suena más plausible?

Pero esta no fue la última revisión —o podríamos llamarlo «mejora» o «actualización»— que sufrió la teoría evolutiva. En la primera mitad del siglo XX tuvo lugar lo que llamamos la «síntesis evolutiva moderna» o «teoría sintética de la evolución». Esta teoría tan completa incorpora ya tanto datos genéticos como paleontológicos y es el resultado del trabajo interdisciplinar de diferentes científicos, como es el caso del genetista Theodosius Dobzhansky (1900-1975), del taxónomo Ernst Mayr (1904-2005), del zoólogo Julian Huxley (1887-1975), del paleontólogo George G. Simpson (1902-1984), del zoólogo Bernhard Rensch (1900-1990) y del botánico George L. Stebbins (1906-2000). Esta versión actualmente vigente, la «síntesis moderna», no considera como la unidad de selección a los individuos, sino los genes, siendo su expresión en los individuos la responsable de su supervivencia o no, debido a la selección natural y también a otros mecanismos. Porque sí, en la evolución y en los procesos de especiación pueden actuar más mecanismos que la selección natural. El propio Charles Darwin se dio cuenta de que había muchas cosas que parecían ir en contra de la selección natural, pero que desde luego debían tener un valor adaptativo. Por ejemplo, ¿de qué le valen unas plumas coloridas a un pájaro como un pavo real, poniéndolo en peligro ante los depredadores? Si bien la selección natural explica muy bien la mayoría de diversidad de formas que han evolucionado, algunas necesitan de otro mecanismo, y uno de estos otros mecanismos es la «selección sexual». Para Darwin, mientras que la mayoría de rasgos de las especies han ido variando de acuerdo con la competencia entre especies por los recursos, otros rasgos, los caracteres sexuales secundarios que diferencian a machos y hembras, han sido seleccionados mediante competencia entre individuos del mismo sexo por el apareamiento. Ese es el origen de los caracteres sexuales secundarios que aparecen en especies con «dimorfismo sexual», pudiendo diferenciar a machos y hembras. En algunos casos, como en las plumas de las aves, estos caracteres pueden llegar a ser tan llamativos como en el pavo real. En su obra *El origen del hombre y la selección en relación al sexo*, Darwin explica ampliamente este fenómeno con multitud de ejemplos y casos.

Hoy en día ya nos es imposible trabajar en biología o paleontología sin tener en cuenta la evolución de las especies. Y sabemos que la evolución de las formas de vida hasta dar lugar a las especies que viven hoy en día puede rastrearse en el registro fósil, apareciendo en él ancestros de los animales y plantas actuales, junto con otras formas extintas que no tuvieron descendencia.

Sin embargo, en un momento como el actual perviven pensamientos creacionistas. Junto con estos, también está la moda de negar los hechos científicamente demostrados, como si absolutamente todo lo que se nos enseña en el colegio formase parte de una conspiración. Sí, es una especie de rebeldía social, como cuando eres un adolescente y plantar cara a tus padres o profesores te hace sentirte mayor e importante. Años después echas la mirada atrás y dices: «¡Ay, madre, qué tonto era!». Pues es algo parecido. Esto ha hecho que muchos aficionados a las conspiraciones empiecen a hacer caso a ideas creacionistas totalmente absurdas como esta: los fósiles —el registro fósil— niegan el proceso evolutivo. Ojo, no siempre los partidarios de esta idea compran la versión del Génesis y una Tierra de pocos miles de años, sino por simple rebeldía ante los hechos científicos contrastados y paradigmas bien asentados. Parece que creer que nos engañan nos hace sentirnos listos y especiales.

En Valencia tenemos un dicho: *Qui te fam, somia rotllos*. Que viene a significar: «Quien tiene hambre, sueña con rosquillas». Y este es un perfecto ejemplo. Esta gente está desesperada por creer que las teorías científicas, los paradigmas, o incluso los descubrimientos contrastados —que ellos consideran casi como «dogmas religiosos»— son falsos. En este sentido, deciden creer que el proceso evolutivo es mentira, y, claro, echan un vistazo al registro fósil y deciden que la naturaleza y la Tierra les dan la razón. Haciendo autocrítica, llevamos demasiado tiempo divulgando y enseñando el proceso evolutivo, pero no sus mecanismos. Y mucho menos el método científico gracias al cual elaboramos estas hipótesis y las contrastamos.

Hasta las ideas revolucionarias de Darwin y Wallace, los fósiles se tenían como una curiosidad. Reliquias de animales desaparecidos, muy interesantes y curiosos, pero que no tenían ningún valor humanista, no nos iban a cambiar la vida. Entonces, el propio Charles Darwin se apoyó en fósiles para armar su teoría de la evolución por selección natural.

De hecho, en una posterior edición incluso menciona el hallazgo de *Archaeopteryx* como evidencia de la evolución de las aves a partir de reptiles —recordemos que Huxley, a quien apodaron el Bulldog de Darwin por su defensa encarnizada de la evolución, hasta relacionó aves y dinosaurios. Esta nueva dimensión que adquirían los fósiles no les hizo la más mínima gracia a los sectores religiosos más reaccionarios. El astrónomo Fred Hoyle (1915-2001), que tenía profundas creencias religiosas, llegó a proponer que el *Archaeopteryx* era en realidad un fósil de *Compsognathus* al que le habían impreso plumas. Esta falsa acusación desesperada pone de manifiesto lo semejantes que eran estas aves primitivas a sus parientes cercanos, los dinosaurios terópodos.

El debate pareció haberse zanjado conforme pasó el tiempo. Las pruebas zoológicas, botánicas, geológicas y paleontológicas apoyaban cada vez más el proceso evolutivo y una Tierra con millones de años. Y con el tiempo se les han unido las evidencias moleculares. Hasta la Iglesia católica aceptó el hecho. El papa Pío XII (1876-1958) escribía en la encíclica *Humani Generis* (1950): «El cuerpo humano tiene su origen en la materia viva que existe antes que él, pero el alma espiritual es creada inmediatamente por Dios», dejando claro que el origen del hombre a nivel biológico era una cosa estudiada por la ciencia, y que el origen del alma es su terreno, y que eran dos cosas diferentes que no debían mezclarse.

Parecería que con esto ya había poco que batallar, pero incluso en la actualidad hay mucho creacionista tozudo. Incluso los hay que se denominan «creacionistas científicos», que básicamente lo que hacen es agarrarse a cualquier laguna o cualquier descubrimiento nuevo que modifica las hipótesis científicas para decir algo así como: «¿Ves?

Si es que no tenéis razón, si es que lo hacéis mal todo el rato, no hacéis más que cambiar de opinión». Cuando, en realidad, sí sabes cómo funciona el método científico —y, por ende, la ciencia—, conoces y aceptas que, precisamente, planteando hipótesis, contrastándolas y muchas veces desechándolas, es como se construye el conocimiento científico. Un conocimiento científico que, en realidad, no aspira a conocer la verdad absoluta, sino a llegar a explicaciones, cada vez menos falsas, menos erróneas, del universo o de la naturaleza.

Esta moda, considerar que los fósiles van en contra de la evolución, se basa también en parte en una idea terriblemente errónea de cómo es el proceso evolutivo. Los creacionistas, o negacionistas de la evolución, niegan la existencia de toda «forma intermedia o forma transicional». Por un lado, hay quienes esperan que estos seres sean aberrantes, con partes de un grupo de animales y partes de otro, a lo monstruo de Frankenstein, ridiculizando esta idea, y sobre todo, para que contraste con lo que luego encontramos en el registro fósil, que son animales perfectamente funcionales y perfectamente adaptados a su medio. No medias tintas. Nosotros no esperamos encontrar monstruos, esas aberraciones solo están en su imaginación.

También se echa en cara a la ciencia, y en especial a la paleontología, que no se haya encontrado una cadena completa de formas intermedias. O sea, que no puedes llegar a ver cada mínimo cambio secuencial en un linaje, que siempre faltan piezas, eslabones. Y esto lo que demuestra es su desconocimiento tanto del proceso evolutivo como de la naturaleza del registro fósil. Y es que la vieja idea de una evolución lineal (de ahí la comparación con una cadena y sus eslabones) está obsoleta. La evolución se considera un proceso mucho más ramificado, con grandes radiaciones adaptativas, e incluso hay formas que, por estar bien adaptadas, no cambian en millones de años. La evolución es un proceso que ocurre, pero esto no significa necesariamente que los seres vivos estén constantemente cambiando. ¡Dadles un respiro!

Respecto al registro fósil, tiene un problema, y es que está sesgado. O sea, que todos los seres vivos no tienen las mismas posibilidades de convertirse en fósil. ¿Qué hace falta en primer lugar para que los restos de un animal fosilicen? Que puedan quedar enterrados. Nosotros tenemos la ventaja de que normalmente, cuando morimos, nos entierran. Pero en la naturaleza, cuando mueres, ahí te quedas. Y como no te entierra nadie, tus restos quedan a la merced de los elementos, el sol, la lluvia, el viento, y de los carroñeros, que puede que no dejen más que astillas de hueso. En condiciones naturales, ¿cómo pueden quedar enterrados tus huesos? Pues únicamente en sitios donde se depositan sedimentos, como barro o arena. ¿Y dónde ocurre esto? En cuevas o medios acuáticos, como ríos, lagos, mares, playas. Lugares donde el agua arrastra y deposita sedimentos. Esto significa que pueden haber existido —es más, que seguro que han existido— animales y plantas que vivían en lugares con pocas posibilidades de enterramiento y que, por lo tanto, no han dejado fósiles. Por ejemplo, en lo alto de las montañas. O en llanuras sin ningún río caudaloso o alguna laguna cerca. Puede haber miles de especies que durante toda la historia de la vida han vivido en ambientes de este tipo, y de los que no tenemos ni rastro.

Por otro lado, además de la facilidad de enterramiento según el ambiente, está la propia probabilidad de conservación de tus restos. Si tienes partes duras en tu cuerpo, va a ser más fácil que fosilices. O sea, que, si tienes huesos o caparazón, al menos quedarán esas partes de ti, porque la materia orgánica, los tejidos blandos, tienden a descomponerse y no se conservan fácilmente, salvo en casos de enterramiento muy rápido y en condiciones en las que la descomposición es muy lenta. Así, de nuevo, es posible que haya habido muchos animales de cuerpo blando de los que no tenemos registro fósil, salvo que demos con yacimientos de conservación excepcional.

El registro fósil es complejo, así como el proceso de fosilización. No son una especie de fotocopiadora de los animales que han existido, así que no tienen cabida reclamaciones porque falte una página. Los paleontólogos ya asumimos que el registro fósil está sesgado y trabajamos con lo que podemos. Y aun así, pese al carácter sesgado del registro fósil, tenemos un montón de linajes bien registrados con varias formas transicionales.

Para terminar, vayamos a la propia evolución y veamos por qué el registro fósil sí que la apoya. La teoría de la evolución por selección natural, tal y como la presentaron Darwin y Wallace, plantea una serie de predicciones o escenarios.

Una de dichas predicciones es que los organismos han ido evolucionando a partir de formas elementales, formas simples. Y así se observa en el registro fósil. Los primeros fósiles conocidos son de los organismos más simples, bacterias. Y los primeros restos fósiles de algo parecido a los animales son formas muy sencillas, como la fauna de Ediacara. Cuerpos blandos, cuerpos sencillos…

Otra predicción: las especies evolucionan a partir de variedades preexistentes. Prácticamente podemos elegir cualquier grupo de animales actuales y encontrar ancestros suyos, formas muy cercanamente emparentadas con ella en el registro fósil. Encontramos ancestros de las aves modernas a lo largo del Cenozoico. Incluso en el Mesozoico podemos encontrar tanto aves primitivas como parientes muy cercanos suyos, los dinosaurios terópodos del grupo de los «maniraptores». Que a su vez tienen como ancestros a dinosaurios más primitivos, hasta que bajamos al Triásico y encontramos a los ancestros de los dinosaurios..., y así podemos seguir hasta casi el origen de la vida.

La tercera predicción es que, cuanto mayor es la similitud entre organismos, más estrechamente emparentados están. Esto es algo que se ha conocido toda la vida, solo que durante mucho tiempo se usaba como mera ordenación y ahora sabemos ver el parentesco. Tradicionalmente agrupábamos animales por puro parecido. Desde hace años, separamos los parecidos debidos a innovaciones, características más específicas, que no estén ampliamente distribuidas. Vaya, que nos fijamos más en las cosas en común entre organismos que no tengan la mayoría, para poder hilar fino. Lo que denominamos «innovaciones evolutivas» o «apomorfías». Así somos capaces de reconstruir las relaciones de parentesco entre organismos vivos y del registro fósil. Y es cierto, cuantas más características hay en común, se trata de especies más cercanamente emparentadas. Pero es que además, en especies actuales, esto lo han demostrado los análisis moleculares. No solo hay un parecido físico, sino que su ADN también es más parecido.

La cuarta predicción es que la competencia interespecífica sea causante de extinciones. Existen dos tipos de extinciones: la extinción en masa, que ocurre por lo general de manera catastrófica y arrasa con casi todo, y la extinción de fondo, en la que las especies van siendo reemplazadas unas por otras. Esta extinción de fondo también se puede observar en el registro fósil. Puedes ver como en un lugar con el paso del tiempo hay especies que desaparecen y son reemplazadas por otras sin necesidad de eventos catastróficos, o de que haya un cambio total de faunas.

También podemos observar el fenómeno de la variabilidad intraespecífica, lo que significa que todos los miembros de una especie o población no son iguales, motor de la supervivencia diferente y de la selección natural. Cuantos más fósiles se conocen de una especie, más se comprende su variabilidad interna, lo diversos que son sus individuos. En invertebrados esto está muy bien documentado, ya que los fósiles de su cuerpo entero abundan más. Pero incluso en vertebrados se conocen casos. Como en dinosaurios como *Camarasaurus*, *Allosaurus* o *Tyrannosaurus*.

La supervivencia diferencial hará que sobrevivan los más aptos, los que mejor estén adaptados al ambiente. De nuevo, otra predicción que se cumple en el registro fósil: no encontramos fósiles de manera caótica, están todos en consonancia con el ambiente en el que vivían. Los geólogos pueden estudiar el ambiente sedimentario en el que se formó un yacimiento con fósiles, y los fósiles de los organismos que se encuentran en un ambiente son característicos. Y si los comparamos con yacimientos formados en otros ambientes, los fósiles revelan organismos diferentes.

Por último, Darwin tenía claro lo incompleto del registro geológico y, salvo alguna mención, como la de *Archaeopteryx* en una posterior edición, no poseía demasiados ejemplos de linajes o formas transicionales. Pero hoy en día podemos citar unos cuantos. En el caso de las aves, podemos rastrear todas las características de las aves actuales y ver el punto en el que aparecen en el linaje, rebobinando hasta llegar a ver las características que ya heredaron de los dinosaurios terópodos.

El registro fósil —y también el registro geológico— está sesgado y es complejo. No es una colección de fotocopias ni un inventario de especies. Pero, lejos de negarlo, es un atlas ilustrado de la evolución de la vida en la tierra.

Reconstrucción de *Archaeopteryx*.

Retrato de Andrew Carnegie (1835-1919), empresario y filántropo norteamericano. [Library of Congress]

LOS DINOSAURIOS LLEGAN AL SIGLO XX

La historia del descubrimiento y estudio de los dinosaurios avanza a pasos agigantados. Ya vimos como, nada más terminar la guerra de los Huesos, se estaban sembrando las semillas de una nueva fiebre de los dinosaurios. Se había demostrado el potencial fosilífero de muchas regiones de EE. UU.; se habían creado departamentos y museos, y hasta las metodologías de extracción de fósiles se perfeccionaron en la primera fiebre que fue aquella guerra entre Cope y Marsh.

A principios del siglo XX, el equipo del recientemente creado Departamento de Paleontología de Vertebrados del Museo Americano de Historia Natural se encontraba excavando en Wyoming, en el yacimiento de Bone Cabin Quarry, donde encontraron una colina llena de fragmentos de huesos de dinosaurios del Jurásico superior. Las campañas de excavación duraron hasta 1905, y se recogió la friolera de más de 500 especímenes, siendo la mayor parte de ellos especímenes de los saurópodos *Camarasaurus*, *Diplodocus* y *Apatosaurus*. También encontraron los restos fósiles de un terópodo de pequeño tamaño que Osborn llamó *Ornitholestes*. En estas excavaciones se formó toda una cantera de grandes paleontólogos del Museo Americano que darían mucho que hablar en los siguientes años.

Pero los principios del siglo XX significaron el origen de una paleontología de vertebrados mucho más empresarial, en la que algunos magnates se interesaron en desarrollar instituciones y financiar expediciones para llenar sus fondos.

Empezaba así una etapa de mecenazgo que a día de hoy perdura, al menos en EE. UU., y que fue en parte responsable del gran impulso de la paleontología de dinosaurios en ese siglo. A ese respecto cabe destacar una figura, la de Andrew Carnegie (1835-1919). Como el ficticio John Hammond de *Parque Jurásico* —figura que parece estar en parte basada en él—, Carnegie era escocés, pero vivió y amasó su fortuna en Estados Unidos. Empezó trabajando en la Compañía Ferroviaria de Pennsylvania, de la que acabó siendo gerente. Creó la Compañía de Aceros Carnegie, que acabó fusionando a otras empresas del sector hasta formar la US Steel. Amasó una enorme fortuna, que, como filántropo, dedicó a subvencionar bibliotecas, escuelas, universidades e investigaciones científicas. Y fundó un puñado de instituciones, como la Carnegie Institution for Science, la Carnegie Mellon University o el Carnegie Museum de Pittsburgh. De hecho, fue a través de este museo y sus investigadores que Carnegie patrocinó sus excavaciones. Parece ser que su interés en los dinosaurios creció cuando vio reseñado en un periódico el hallazgo, contado de manera ultrasensacionalista, de un gigantesco saurópodo en Wyoming. Carnegie dio la orden al director de su museo en Pittsburgh, William Jacob Holland (1848-1932), de que comprase ese espectacular espécimen para su museo. Tras desplazarse hasta Wyoming, los hombres de Holland no encontraron más restos del gigantesco brontosaurio —la noticia se basaba únicamente en un fémur colosal—, pero en el área de Sheep Creek descubrieron un gigantesco esqueleto casi completo de un dinosaurio saurópodo del género *Diplodocus*, que el paleontólogo John Bell Hatcher (1861-1904) nombró como *Diplodocus carnegii* en honor a Carnegie, su mayor mecenas y fundador de su museo.

En realidad, este esqueleto era la mezcla de varios individuos, pero se procedió a su montaje esquelético, que se inauguró en 1907. A este ejemplar, aunque compuesto de varios individuos, se le apodó Dippy, y se hizo muy famoso. Andrew Carnegie estaba tan contento con este hallazgo, y supongo que también con el hecho de que el dinosaurio llevara su nombre, que accedió a la petición del rey Eduardo VII de Inglaterra y pagó la realización de réplicas del esqueleto, que se montó en el Museo de Historia Natural de Londres. Esta donación alentó otras peticiones, y Carnegie las regaló a varios países europeos y americanos. Es por eso que gran cantidad de museos tienen una copia de Dippy, como el Museum für Nasturkunde de Berlín, el Muséum National d'Histoire Naturelle de París, el Naturhistorisches Museum de Viena, el Museo Geologico e Paleontologico de Bolonia, el Museo de Zoología de la Academia Rusa de las Ciencias en San Petersburgo, el Museo de La Plata en Buenos Aires, el Museo de Paleontología en México D. F. y el Museo Nacional de Ciencias Naturales de Madrid. Estas donaciones de Carnegie hicieron de *Diplodocus* un dinosaurio terriblemente popular, e hicieron posible, por primera vez, que personas de todo el mundo vieran de cerca un dinosaurio. También sentaron el precedente de la producción de réplicas de fósiles como negocio, algo que a día de hoy es muy habitual y de lo que viven, al menos en parte, muchos museos e instituciones.

El acceso a este material de *Diplodocus* hizo que algunos paleontólogos europeos estudiaran este material. Hoy día el acceso a réplicas de esqueletos facilita mucho el estudio y comparación de especímenes, y no hablemos ya de las colecciones virtuales de esqueletos. Pero eso es otra historia para el final del libro. El caso es que el acceso de los paleontólogos a este material hizo que algunos, como el alemán Gustav Tornier (1858-1938), hiciesen propuestas sobre los modos de vida de estos animales, en ocasiones siendo desacertadas. Fue el caso de Tornier, que propuso que *Diplodocus* tendría las extremidades extendidas a los lados, de una manera semejante a los reptiles actuales. Sí, sé lo que debes estar pensando: esto ya lo desechó Owen décadas antes para *Iguanodon*, *Hylaeosaurus* y *Megalosaurus*. Holland se burló de esta obsoleta propuesta alegando que, si *Diplodocus* reptase, iría dejando enormes surcos en el suelo con su panza, o que debería moverla a través de trincheras.

Dippy el Diplodocus.

Fue el propio *Diplodocus* también la señal de un nuevo hallazgo histórico en 1908: el paleontólogo Earl Douglass (1862-1931) encontró un fémur en Utah, en una zona que ya había sido mencionada como altamente fosilífera a finales del siglo XIX. Al año siguiente, Douglass volvió al mismo lugar a realizar otra campaña de prospección y se encontró de bruces con un sueño hecho realidad: una serie de vértebras, articuladas, una al lado de la otra, asomando en una roca arenisca. Dio el aviso y allí se plantó el equipo al completo del Museo Carnegie de Pittsburgh para una de las mayores campañas de excavación de la historia, en la cantera que se denominó cantera de Carnegie. Se realizaron excavaciones varios años, hasta 1922, y se recuperaron miles de huesos. Tantos que, si en 1922 se dejó de excavar, fue porque en el museo no quedaba espacio ni medios para conservar tal ingente cantidad de material. Mientras tenían lugar las excavaciones en este lugar, y ante el peligro que podía suponer para estos yacimientos la colonización de la zona, Douglass intentó pedir una licencia minera para explotar la cantera, y así protegerla de una posible reparcelación futura. Como los fósiles no estaban considerados un bien minero, hubo un cambio de planes, y Holland recurrió a un viejo amigo suyo, el paleontólogo y por entonces secretario de la Smithsonian Institution Charles Doolittle Walcott (1850-1927). Walcott se había hecho famoso por sus hallazgos en Burgess Shale de los fascinantes animales del Cámbrico medio, maravillas evolutivas de la llamada «explosión del Cámbrico», y su trabajo le había valido el reconocimiento de toda la comunidad paleontológica. Walcott, acostumbrado a trabajar con yacimientos excepcionales, visitó la cantera Carnegie y decidió convertirlo en una reserva natural federal, propuesta que aprobó el por entonces presidente de Estados Unidos, Thomas Woodrow Wilson (1856-1924), en un edicto de 1915: acababa de nacer el Dinosaur National Monument. Con el paso de los años, en la cantera Carnegie se levantó un edificio protector que permitió el trabajo constante de extracción y preparación de los huesos de dinosaurio, que continúa a día de hoy. ¡Imagina la cantidad de esqueletos que se habrán extraído desde que Douglass encontrase aquella primera serie vertebral! En este yacimiento se han encontrado ejemplares —la mayoría muy completos— de terópodos, como *Allosaurus*, *Ceratosaurus* o *Torvosaurus* (un pariente cercano del mítico *Megalosaurus*); un tireóforo (*Stegosaurus*); ornitópodos, como *Camptosaurus* o *Dryosaurus*, y, cómo no, saurópodos, como *Diplodocus*, *Barosaurus*, *Apatosaurus* o *Camarasaurus*.

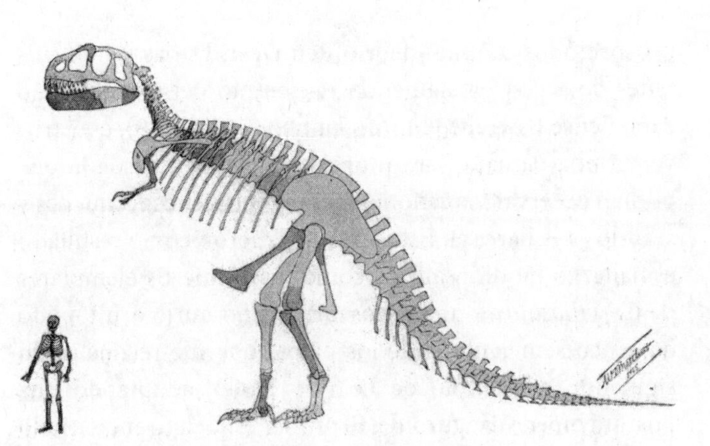

Primera reconstrucción publicada del holotipo de *Tyrannosaurus rex.* William D. Matthew, 1905.

Mientras, Osborn desde el Museo Americano seguía abriendo frentes. Así fue como en el año 1902, en Montana, se descubrió un dinosaurio icónico en los sedimentos de finales del Cretácico de la Formación Hell Creek. El responsable de este hallazgo fue el paleontólogo Barnum Brown (1873-1963). Hijo de una familia de pioneros del oeste, Brown se unió a un equipo de excavación del todavía joven Museo Americano y se convirtió en poco tiempo en uno de sus cazadores de dinosaurios con más experiencia. En 1902, encontró en Montana los restos fósiles de un dinosaurio carnívoro de gran tamaño y robustez, que incluían parte del cráneo, gran parte del esqueleto axial (la columna vertebral) y sus patas posteriores. Tres años más tarde encontró un segundo espécimen, aún más completo. Osborn lo publicó en 1905 dándole un nombre con el que se aseguraba pasar a la historia: *Tyrannosaurus rex*, «el rey de los lagartos tiranos». Brown prosiguió su trabajo desplazándose a Alberta (Canadá), donde prospectó los cañones del río Red Deer. Dadas las dificultades de acceso, y siguiendo el ejemplo del paleontólogo canadiense Lawrence Morris Lambe (1863-1919), construyeron una barcaza para moverse por el río, desde la que podían observar los cañones, parar a recoger especímenes y subirlos a la barcaza. Estos trabajos dieron como resultado el hallazgo de dinosaurios como los primeros ejemplares de *Corythosaurus*, un hadrosaurio (dinosaurio ornitópodo con pico semejante al de los patos) que fue reconstruido siguiendo el ejemplo de Leidy y Dollo, adoptando una postura bípeda canguroide. El primer esqueleto encontrado fue excepcional, conservando incluso impresiones de su piel. El área del río Red Deer está dentro de lo que hoy conocemos como el Dinosaur Provincial Park. Esta área fue explorada también por otros cazadores de dinosaurios, la familia Stemberg, contratada por el Servicio Geológico de Canadá, movidos por el descontento general ante la salida de patrimonio hacia el Museo Americano, y con el objetivo de que el mayor número de fósiles permaneciera en suelo canadiense. Los dos grupos rivales no obstante tuvieron relaciones correctas, y fruto de ambas expediciones, aumentó mucho el conocimiento de los dinosaurios del Cretácico superior canadiense, descubriéndose dinosaurios como *Edmontosaurus* (otro hadrosaurio) o el impresionante ceratopsio *Styracosaurus* (un pariente de *Triceratops*, con muchas espinas en su gola o cresta ósea).

Los principios del siglo XX en paleontología están también marcados por la llamada «paleontología imperial», término que usa el paleontólogo francés Eric Buffetaut para referirse a un periodo de excavaciones muy intensas realizadas sobre todo de paleontólogos europeos en sus colonias del momento. Es el momento, por ejemplo, de las grandes expediciones alemanas a África, tanto a Egipto como a la región que hoy día es Tanzania.

Tras la noticia del hallazgo de mamíferos terciarios (aproximadamente del Eoceno, con más de 34 millones de años) en el oasis egipcio de El Fayum, y con la intención de encontrar mamíferos primitivos más antiguos, el paleontólogo alemán Karl Heinrich Ernst Stromer von Reichenbach (1871-1952) realizó una primera campaña de exploración y prospección en Egipto en 1901-1902. En 1910, se dispuso a realizar una expedición mayor al oasis de Bahariya, cuyos sedimentos eran más antiguos, del Cretácico. El equipo solo estaba preparado para la extracción y transporte de mamíferos de pequeño tamaño, de manera que encontrar huesos de grandes dinosaurios fue una sorpresa y una alegría, pero, a la par, un contratiempo. Con la ayuda del paleontólogo austríaco Richard Markgraf (1869-1916), siguieron las expediciones en el área entre 1912 y 1914, aunque los fósiles permanecieron en Egipto hasta 1922, ya que Alemania estaba en plena crisis al terminar las expediciones y no pudieron hacerse cargo de los gastos de envío, que finalmente corrieron a cargo de un colega de Stromer, el paleontólogo suizo Bernhard Peyer (1885-1963). Fruto de estas expediciones, se describieron dinosaurios que a la larga han cobrado mucha importancia y hasta se han ganado un hueco en la cultura popular. En 1915, Stromer publicó una nueva especie de dinosaurio terópodo, *Spinosaurus* (que significa «lagarto espinoso»), muy característico por tener espinas vertebrales muy altas (las responsables de la vela a lo largo de su lomo) y dientes cónicos, semejantes a los de un cocodrilo, en vez de ser aplanados y con forma de cuchillo, como es habitual en los dinosaurios terópodos. Stromer también describió en 1931 otro terópodo impresionante, *Carcharodontosaurus* («lagarto con dientes de tiburón»), un terópodo emparentado con los *Allosaurus* del Jurásico. Así como *Bahariasaurus* («lagarto del oasis de Bahariya») en 1934. También describió un dinosaurio saurópodo en 1932, *Aegyptosaurus* («lagarto de Egipto»). Stromer mostró abiertamente su inquietud ante la presencia de tantos dinosaurios depredadores en el paleoecosistema de Bahariya. Este «enigma de Stromer», como ha sido llamado por algunos paleontólogos, sigue vigente, pero al menos los recientes descubrimientos relativos a *Spinosaurus* han añadido algo de luz al respecto.

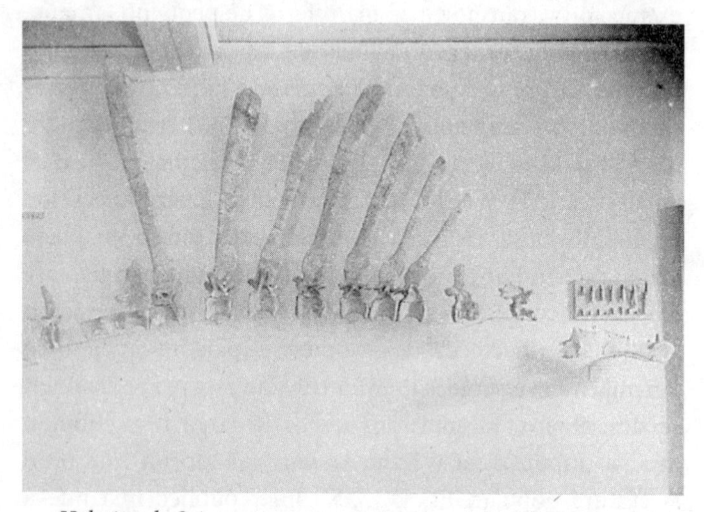

Holotipo de *Spinosaurus* en su exposición original del Museo de Munich anterior a los bombardeos. Fuente histórica no encontrada.

Durante la Segunda Guerra Mundial, Stromer trató de retirar la colección de fósiles a algún lugar seguro ante el temor de bombardeos. Quizá porque Stromer se negó en su momento a afiliarse al Partido Nacionalsocialista y mantuvo contacto abiertamente con sus colegas judíos, no se le hizo caso. Y lamentablemente, el 24 de abril de 1944, la estación de ferrocarril de Múnich era bombardeada, destruyendo también los edificios cercanos, entre ellos, el museo de la Academia de Ciencias Bávara, donde se conservaban los dinosaurios egipcios de Stromer. Gracias a la publicación de estos materiales por parte de Stromer, la información no se perdió del todo, aunque sí los propios fósiles.

En el momento en que se describió el *Spinosaurus*, si bien ya se conocían un puñado de dinosaurios, no estaban entre ellos parientes cercanos a él. Así, se propuso una reconstrucción con características generales de terópodo, solo que con una vela en el lomo. Gracias a nuevos descubrimientos, se pudo ir puliendo su aspecto, como es el caso del dinosaurio *Baryonyx* («garra pesada»), descubierto mucho más tarde, en 1983. *Baryonyx* era un terópodo extraño, con un hocico alargado, dientes cónicos y garras enormes en las manos. Su anatomía permitió relacionarlo con *Spinosaurus*, del que se corrigió su reconstrucción, ahora incluyendo un hocico alargado, semejante al de un cocodrilo, y garras grandes en sus manos. Descubrimientos recientes, publicados en 2014, 2019 y 2020, han ido cambiando nuestra imagen de *Spinosaurus* a un terópodo muy extraño, adaptado al medio acuático y a una dieta piscívora. Y he ahí parte de la solución del «enigma» de Bahariya, podían coexistir diferentes especies de grandes dinosaurios terópodos porque al menos algunos de ellos tenían un estilo de vida y una alimentación diferentes, especializados.

La otra gran expedición alemana de esta época fue al África oriental alemana, hoy día Tanzania. Esta historia empieza con el hallazgo casual de un enorme hueso fósil en 1906 en la región de Tendaguru por parte del ingeniero de minas alemán Bernhard Wilhem Sattler (1873-1915). Sattler comunicó el hallazgo, y la Comisión Alemana para la Exploración Geográfica de los Protectorados encargó un informe al paleontólogo alemán Eberhard Fraas (1862-1915), conservador de paleontología y geología del Museo de Historia Natural de Stuttgart y con gran experiencia en trabajos de campo, ya que había participado en numerosas excavaciones, como la mítica excavación de Bone Cabin Quarry en Wyoming. Se organizó una expedición en 1907 con Fraas a la cabeza, y a la que se unieron Sattler y un grupo de mineros. Tras estudiar el material, Fraas describió dos dinosaurios saurópodos nuevos: *Gigantosaurus robustus* y *Gigantosaurus africanus*. Gracias a su experiencia en la Formación Morrison en Wyoming, Fraas reparó en la enorme semejanza de estas faunas, e incluso propuso una hipótesis biogeográfica, según la cual hubo un puente intercontinental que unía Norteamérica y África, siendo las especies africanas especies relictas que persistieron en el tiempo, ya que se pensaba que estos yacimientos eran del Cretácico superior. Fraas lo desconocía, pero el género *Gigantosaurus* ya se había usado para un saurópodo hallado en el Jurásico medio inglés (material muy poco diagnóstico, pero, bueno, el nombre ya se había usado), así que, con el tiempo, estos saurópodos han sido reestudiados y renombrados como *Janenschia* y *Tornieria*.

Tras esta primera expedición, Fraas convenció a Carl Wilhelm von Branca (1844-1928), director del Instituto y Museo de Geología y Paleontología de la Universidad Friedrich Wilhelm de Berlín (la misma universidad que hoy recibe el nombre de Universitat Humboldt) para realizar una segunda expedición. Tras recaudar fondos, Branca eligió al paleontólogo Werner Ernst Janensch (1878-1969) para que la liderase, y a la que se unió el paleontólogo Edwin Georg Hennig (1882-1977) como segundo al mando. En 1909, empezó esta expedición, en la que participaron decenas de trabajadores locales (170 en las primeras campañas, y hasta 500 en las últimas). Se recuperaron más de 200 toneladas de fósiles, que tardaron décadas en prepararse. De hecho, los paleontólogos que hemos tenido el placer de trabajar en las colecciones del Museum für Naturkunde de Berlín hemos podido admirar la ingente cantidad de huesos recuperados en estas expediciones, así como comprobar que todavía existen bloques por abrir un siglo después. Conforme se iban preparando los materiales de Tendaguru, tanto Hennig como Janensch fueron publicando este material. En 1915, Hennig publicó un nuevo estegosaurio, *Kentrosaurus*, y en 1914 Janensch publicó un nuevo saurópodo, *Brachiosaurus brancai* (ya se había publicado una primera especie de *Brachiosaurus* en EE. UU., *B. altithorax*). Este nuevo braquiosaurio africano estaba mucho más completo que el americano, aunque en realidad estaba formado por huesos de varios individuos. Los huesos fósiles eran tan impresionantes en conjunto que en 1930 se decidió montar un esqueleto en el museo bajo la supervisión de Janensch. En 1937, se inauguró el impresionante montaje de 12 metros de altura y 20 metros de longitud, y se convirtió en todo un símbolo de la dinosauriología. De hecho, los *Brachiosaurus* constantemente representados en la cultura popular se basan en este ejemplar. En 1988, el investigador y paleoartista norteamericano Gregory S. Paul propuso que se diferenciara este ejemplar en un género nuevo, *Giraffatitan*, por considerar que tiene características propias suficientes. En 2009 el paleontólogo británico Michael P. Taylor publicó un reestudio de este material, validando la propuesta de Paul.

Brachiosaurus en el Museo de Historia Natural de Berlín.

En la primera mitad del siglo XX destacó una figura peculiar entre los paleontólogos de dinosaurios, que, todo sea dicho, ya solemos ser bastante peculiares. Me refiero al barón Franz Nopcsa von Felső-Szilvás (1877-1933), paleontólogo transilvano. A los dieciocho años se interesó enormemente por unos huesos que su hermana había encontrado en los terrenos de su familia, y vivió en primera fila el interés que despertaron en paleontólogos de la Academia de Ciencias de Viena. Ante la sugerencia de que los estudiase él mismo, Nopcsa se puso manos a la obra y en pocos años, en 1899, describió su primer dinosaurio, el hadrosaurio *Limnosaurus transylvanicus*. Este es otro caso de nombre ocupado previamente (y por Marsh, nada menos), pero en esta ocasión el propio Nopcsa enmendó el error y lo renombró *Telmatosaurus* («lagarto de pantano»). Nopcsa se vino muy arriba —ya hemos comentado que era un personaje peculiar, y bastante encantado de conocerse— y prosiguió sus investigaciones a la vez que trabajaba como espía para el Imperio austrohúngaro. Tras el colapso del Imperio otomano tras las guerras de los Balcanes en 1913 y la independencia de Albania, Austria pretendía instaurar un gobierno favorable en este país, y el propio Nopcsa se postuló como rey del nuevo país. Después la Primera Guerra Mundial, y perdiendo muchos de sus privilegios, se encargó de la dirección del Real Instituto Geológico de Hungría en 1925, pero no aguantó mucho tiempo y, en 1929, cansado de su trabajo en esta institución, lo dejó todo y se escapó con su secretario y amante Bajazid Doda por Italia mientras les duró el dinero. A su regreso a Viena, se vio forzado a vender su colección de fósiles al Museo de Historia Natural de Londres, y su situación no hizo más que empeorar hasta que en 1933 decidió suicidarse, llevandose por delante también a su amante. Al parecer, Nopcsa no ocultaba su sexualidad a sus colegas más cercanos, pero vivirla en aquellos tiempos no tuvo que ser nada fácil.

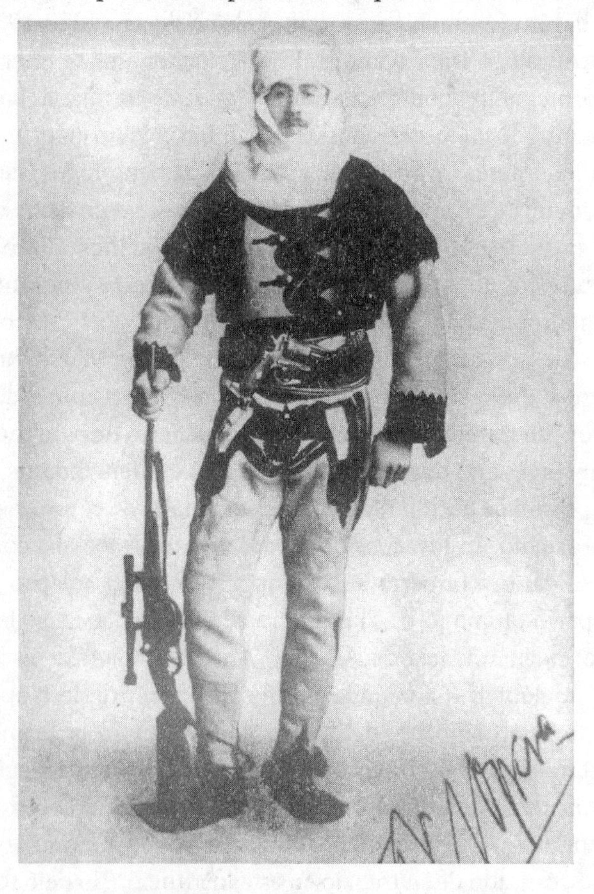

El barón Franz Nopcsa en uniforme albanés alrededor de 1915.

Recientemente, durante el encuentro de 2018 de la Asociación Europea de Paleontólogos de Vertebrados en Caparica, Portugal, participé en una mesa redonda sobre visibilidad LGTBQ en paleontología con mis colegas João

Muchagata, Simão Mateus y Vincent Cheng. Durante mi intervención mencioné brevemente la figura de Nopcsa como uno de los pocos referentes de paleontólogos homosexuales en la historia de la ciencia, y la necesidad que tenemos de referentes diversos, y a poder ser con finales menos trágicos. Dejando al margen las particularidades de la vida personal o política de Nopcsa, su contribución científica fue enorme, aunque lamentablemente solo los paleontólogos solemos conocer su figura. Estudió muchos dinosaurios, como el ya mencionado *Telmatosaurus*, el *Rhabdodon* (no descrito por Nopcsa, sino por el paleontólogo francés Philippe Matheron en 1869, pero estudiado en profundidad por él), el *Struthiosaurus* (descrito por su compatriota Emanuel Bunzel en 1871) y el *Magyarosaurus* (un saurópodo titanosaurio descrito por el paleontólogo alemán Friedrich von Huene en 1932). En el caso de este último saurópodo, o del anquilosaurio nodosáurido *Struthiosaurus*, su pequeño tamaño fue interpretado por Nopsca como un efecto de enanismo insular. Hoy en día, esta explicación sigue siendo válida, aunque genera algunos problemas, como que coexistan con especies no enanas. Mostró inquietudes paleobiológicas que trató en sus trabajos, como el dimorfismo sexual en dinosaurios (le preocupaba saber si estaba estudiando especies distintas, o machos y hembras de una misma) y también hizo un acercamiento pionero a la paleohistología (estudio de los tejidos óseos en vertebrados fósiles) en *Rhabdodon* y *Telmatosaurus*, describiendo que tenían anillos de crecimiento anual pero un tejido de crecimiento más rápido que los reptiles. Trató el tema del origen dinosauriano de las aves, e incluso se aventuró a proponer que los dinosaurios fueran de sangre caliente. Así mismo, fue un abanderado de la interdisciplinariedad.

Científicamente fue un hombre avanzado a su tiempo, y, de haber vivido en la actualidad, no cabe duda de que con todas sus particularidades y características, habría encajado mucho mejor. O no, quién sabe.

A principios del siglo XX el Museo Americano de Historia Natural de Osborn no se contentó con sus excavaciones en su país y comenzó una serie de expediciones a Asia central. Lo que encontraron allí fue tan importante que pasaría a la historia de la paleontología. Pero, inicialmente, su objetivo era otro.

Foto del paleontólogo y aventurero Roy Chapman Andrews a caballo en una de sus expediciones. [Yvette Borup Andrews en *Across Mongolian plains*, 1921]

Para empezar a contar esta historia tenemos que hablar de Roy Chapman Andrews (1884-1960), explorador, aventurero y naturalista norteamericano. Se dice que su figura inspiró la creación del personaje Indiana Jones, el arqueólogo ficticio de las películas de Steven Spielberg y George Lucas. Trabajó en el Museo Americano de Historia Natural desde joven, primero como conserje mientras estudiaba Zoología. Gracias a su especialidad, empezó a participar en expediciones y excursiones zoológicas. E incluso fue reclutado por el Servicio de Inteligencia de EE. UU. como espía durante la Primera Guerra Mundial. Entre sus primeros intereses, estuvieron las ballenas, lo que lo llevó a vivir su primer acercamiento a Asia, concretamente, a Japón. Con el tiempo, llegó a realizar una expedición zoológica asiática acompañado por su mujer Yvette en 1916. Tres años después, en 1919, organizó una segunda expedición zoológica con su mujer, esta vez a Mongolia. Posiblemente esta expedición plantó la semilla de la idea de una expedición mayor.

Bien, a principios del siglo XX y finales del XIX, se creía que Asia había sido la cuna de los mamíferos. Que, tras la extinción de los dinosaurios, había sido en Asia donde florecieron, y desde allí se expandieron a Europa, África, Oceanía y América. Y esta idea, para algunos naturalistas, incluía el origen de nuestro propio linaje. Sí, durante mucho tiempo se creía que el origen del ser humano estaba en Asia, aunque algunos naturalistas no estaban necesariamente de acuerdo, como el propio Charles Darwin, que apuntaba a África. Otros científicos, como Ernst Stromer, eran más partidarios de un origen africano de los mamíferos (recordemos que su objetivo inicial al viajar a Egipto era encontrar los mamíferos más primitivos).

Con esta idea en mente, la de localizar el origen de los mamíferos o de la humanidad misma, y la experiencia de Chapman Andrews como aval, el Museo Americano organizó la primera expedición al desierto de Gobi. Andrews le propuso a Osborn hacer una expedición multidisciplinar en la que recopilar datos geológicos, zoológicos, botánicos, paleontológicos y arqueológicos. Y Osborn, que era firme defensor de que Asia había sido la cuna de los mamíferos y de la humanidad, puso en marcha su recaudación de fondos para tal expedición.

En 1921, arrancó la expedición. Y en abril de 1922 encontraron los primeros fósiles. Quedaron muy encantados con los resultados, entre ellos, el hallazgo de *Psittacosaurus* (que significa «lagarto con pico de loro»), un ceratopsio muy primitivo que fue descrito por Osborn en 1923. Considerando esta primera expedición un completo éxito, volvieron repetidamente. En verano de 1923 volvieron a esta zona tan prolífica, que habían denominado Flaming Cliffs (Acantilados Flamígeros, por el efecto de la luz del sol al anochecer). Y esta vez los hallazgos de la expedición fueron históricos. Para empezar, encontraron multitud de esqueletos de *Protoceratops* (primera cara con cuernos) que fueron descritos posteriormente por Granger y William K. Gregory (1876-1970). Se trataba de otra especie de ceratopsio primitivo, aunque en este caso ya poseía la gola ósea, y cuyo hallazgo incluía desde individuos recién nacidos hasta adultos. Hasta este momento, poco se sabía del crecimiento de los dinosaurios, y, de golpe y porrazo, teníamos una información paleobiológica importantísima. Pero lo que fue todavía más histórico fue el hallazgo por primera vez de huevos. Huevos de dinosaurio. Y dispuestos en puestas, no aislados. El equipo supuso que debían ser huevos de *Protoceratops*, ya que este dinosaurio abundaba tanto que incluso habían encontrado crías.

En esta expedición también encontraron huesos de dinosaurios terópodos que pasarían a la historia. El primero de ellos era un terópodo muy extraño que no tenía dientes, sino pico. Dado que se encontró asociado a estos nidos, Osborn optó por la explicación más llamativa al describirlo en 1924: era el depredador que se alimentaba de estos huevos. Y de ahí que lo llamase *Oviraptor philoceratops* («ladrón de huevos con gusto por los "cara con cuernos"»). Osborn interpretó que sus mandíbulas sin dientes y su pico podían ser una adaptación para alimentarse de huevos, y consideraba que lo habían encontrado con las manos en la masa junto a un nido de *Protoceratops*. Y durante mucho mucho tiempo, *Oviraptor* cargó con esta etiqueta, hasta que, décadas después, se encontraron restos de un pariente cercano suyo. En los años 90 del pasado siglo XX, se encontró un nuevo dinosaurio oviraptorosaurio, publicado en 2001 como *Citipati osmolskae*. Este pariente de *Oviraptor*, con restos esqueléticos mejor conservados, permitió reconstruir un poco mejor el aspecto de *Oviraptor*. Y no solo eso. Hasta 4 especímenes completos de *Citipati* se encontraron asociados con nidos de huevos. Y se encontraron en posición de estar incubándolos, en una posición muy semejante a la que adoptan muchas aves actuales. Estos nidos y sus huevos eran prácticamente idénticos a las puestas que durante los años 20 se habían interpretado como pertenecientes a *Protoceratops*. Así que, casi 80 años después, se descubría que *Oviraptor* había sido malinterpretado como el ladrón de huevos, cuando lo más probable es que estos huevos fuesen suyos.

Otro dinosaurio carnívoro encontrado en estos yacimientos por la segunda expedición de Osborn fue un pequeño terópodo de morro alargado, dientes pequeños y afilados y garras mortíferas (o garra, en singular, ya que aquel primer ejemplar consistía en el cráneo y una garra, solo una). Estos modestos restos (bueno, todo lo modesto que puede ser teniendo cráneo) fueron los restos originales con los que Osborn describió en 1924 al célebre *Velociraptor* (que significa «ladrón veloz»). Otro pequeño terópodo parecido a *Velociraptor* que también apareció en aquella expedición fue *Saurornithoides* (con forma de lagarto y pájaro), igualmete descrito por Osborn en 1924. Las relaciones del Museo Americano y Andrews con el Gobierno mongol fueron deteriorándose, hecho en parte desencadenado por una subasta de un huevo con la que se intentó conseguir financiación para una nueva expedición. La expedición de 1925 fue la última en la que pisaron el Gobi de Mongolia, ya que fueron expulsados, habiendo sido incluso acusados de espionaje. En las siguientes expediciones, que duraron hasta 1930, se limitaron a explorar la «Mongolia china» y se centraron más en paleobotánica, vertebrados cenozoicos y arqueología.

En los años 1927 a 1935, tuvieron lugar nuevas expediciones, pero en esta ocasión los paleontólogos implicados fueron suecos y chinos. Casi como si, atraídos por los hallazgos del Museo Americano, hubieran esperado a que estos se retiraran para servirse el resto del pastel. Pero, como veremos, no fueron los únicos. En estas expediciones se recogieron huesos fósiles de ceratopsios primitivos, anquilosaurios y paquicefalosaurios. El paleontólogo sueco describió el nuevo ceratopsio *Microceratops* («pequeña cara con cuernos») en su publicación de 1953 en la que describía estos materiales. En los años 1946 y 1947, tuvieron lugar nuevas expediciones al Gobi por parte de científicos soviéticos y mongoles. Uno de los paleontólogos implicados en estas campañas fue Ivan Efremov (1907-1972), padre de la tafonomía, la subdisciplina de la paleontología que se encarga del estudio del proceso de fosilización. Estas expediciones recogieron más de 100 toneladas de huesos fósiles, la mayoría de ellos de la cuenca de Nemegt, que se repartieron entre el Museo Municipal de Ulan Bator y el Instituto de Paleontología de la Academia de Ciencias de la URSS, hoy el Museo Paleontológico de Moscú. Entre los hallazgos más reseñables, están siete esqueletos de *Saurolophus* (que significa «lagarto con cresta»), un hadrosaurio que ya había sido descrito en Alberta y reseñado por Barnum Brown en 1912. Otro gran hallazgo fueron las extremidades con enormes garras del enigmático dinosaurio terópodo *Therizinosaurus* («lagarto guadaña»). También se encontró en estas expediciones el tiranosaurio *Tarbosaurus* («lagarto alarmante»).

A partir de 1960, tuvieron lugar las expediciones polaco-mongolas, que fueron dirigidas por la paleontóloga polaca Zofia Kielan-Jaworowska (1925-2015). Cabe destacar que desde la Academia Polaca de Ciencias, las principales participantes fueron paleontólogas: Teresa Maryanska (1937-2019), Halszka Osmólska (1930-2008) y Magdalena Borsuk-Bialynicka. En su segunda expedición encontraron un esqueleto de un *Tarbosaurus* joven junto a un esqueleto de un terópodo de pequeño tamaño perteneciente al grupo de los ornitomimosaurios, al que Olsmólska y sus colegas llamaron *Gallimimus* («imitador del gallo»). Más adelante, encontraron un enorme esqueleto de un gran saurópodo, que fue muy difícil de excavar: *Opisthocoelicaudia* (con cola de vértebras opistocélicas, en referencia a sus vértebras caudales, con una marcada articulación posterior), el primer dinosaurio saurópodo del Cretácico de Mongolia. Estas expediciones se prolongaron hasta 1971, año en que encontraron uno de los fósiles más espectaculares de dinosaurios, los *fighting dinosaurs*, dos esqueletos de *Protoceratops* y *Velociraptor*, muertos durante un combate.

Desde entonces se siguen realizando expediciones al Gobi, tanto en busca de dinosaurios como de mamíferos. Y es que en este desierto, de 1500 km de largo por 800 km de ancho, aún hoy día siguen encontrándose nuevos yacimientos y nuevas especies.

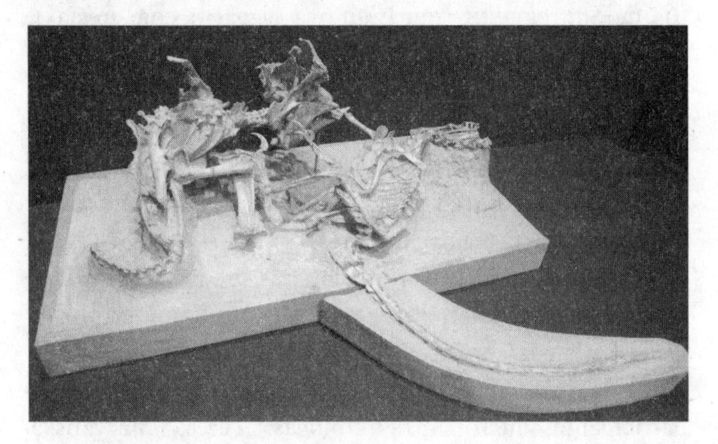

Los célebres «fighting dinosaurs», un *Protoceratops* y un *Velociraptor* presuntamente muertos en plena pelea, fueron encontrados por las expediciones polaco-mongolas en 1971. [Yuya Tamai]

Póster que promueve el tratamiento de la sífilis,
mostrando dinosaurios. [Library of Congress]

LOS DINOSAURIOS COMO ICONO CULTURAL

LOS ALBORES DE LA DINOMANÍA

Se cuenta que los primeros visitantes del Museo del Crystal Palace en Londres en 1854 se maravillaron con los primeros modelos de dinosaurios y que los niños pequeños más sensibles y asustadizos sentían miedo de aquellos monstruos. Y es que jamás los humanos habíamos visto animales semejantes. Cuando los últimos dinosaurios no avianos se extinguieron a finales del Cretácico, aún faltaban aproximadamente 62 millones de años para que nuestros ancestros abandonaran los árboles y se irguieran.

Ya hemos visto que los dinosaurios del Crystal Palace fueron un enorme éxito, recibiendo decenas de miles de visitas. A los primeros modelos de fauna prehistórica los siguieron otros de mamíferos del Cenozoico, aunque el coste era tan elevado que, finalmente, se canceló la elaboración de los últimos modelos. Aun así, el éxito y la popularidad de sus dinosaurios hizo que se vendiesen los primeros productos con dinosaurios de la historia: modelos en miniatura de las esculturas de Hawkins y carteles con sus dibujos. ¡El primer *merchandising* dinosauriano!

Empezó entonces nuestra relación popular con los dinosaurios. El profesor José Luis Sanz, a quien ya he mencionado en repetidas ocasiones, también hizo una síntesis de los dinosaurios en nuestra cultura popular en su libro *Mitología de los dinosaurios*, en el que analiza incluso las causas de esta «dinomanía»: ¿por qué nos apasionan los dinosaurios?

Gracias a las dos grandes «fiebres de los dinosaurios», las noticias de hallazgos, unidas a relatos de exploración y aventura, empezaron a calar hondo en la sociedad. Los museos dedicaban cada vez más esfuerzos a conseguir nuevos fósiles y a exhibirlos de una manera que fuera atractiva para el público. Y también encargaban a paleoartistas, una nueva profesión que surgió entonces, con Charles Knight como pionero, ilustraciones que mostrasen a los dinosaurios en vida, para decorar sus museos y completar la experiencia. Durante mucho tiempo, toda su presencia, aunque creciente, estaba acotada a los museos.

Sinclair Dino Mart en Los Ángeles, California.

Sellos chinos de 1958 y 2017.

A principios del siglo XX se produce un salto importante hacia el estrellato de los dinosaurios: son usados en publicidad y en productos comerciales. Existen postales de la década de 1910 con la representación de un dinosaurio sauropodomorfo en Alemania, posiblemente representando al prosaurópodo *Plateosaurus*. Un caso muy sonado es el de la empresa petrolífera Sinclair, que adoptó un dinosaurio saurópodo como imagen de su marca desde la década de 1930, jugando con la idea de que su petróleo y derivados procedían de estos dinosaurios. Incluso el paleontólogo Barnum Brown convenció a esta compañía petrolífera para que financiara una campaña de excavaciones en esta década, aportando incluso un avión en el que lucía orgulloso el logotipo de la compañía, junto a un letrero de «Expedición Museo Americano-Sinclair».

Hoy en día, por supuesto, se considera que la mayor parte de petróleo proviene de la transformación de materia orgánica procedente de acumulaciones de plancton y algas, aunque siga saltando de vez en cuando la broma de que los dinosaurios de plástico estén hechos de dinosaurios de verdad, como ha ocurrido recientemente en forma de meme. También se popularizó el uso de los dinosaurios como icono de tiempos pasados y de gran antigüedad, como es el caso de los carteles anunciando el descubrimiento de la cura de una enfermedad de transmisión sexual «tan antigua como la creación misma» como es la sífilis, con un dinosaurio representando esta dimensión de tiempo remoto. Un uso de los dinosaurios que se populariza a partir de este momento es su identificación con algo obsoleto y anticuado. Esta identificación es muy recurrente en publicidad y sigue vigente incluso hoy, lamentablemente para los que no los consideramos algo desfasado. Algo semejante sufren nuestros colegas paleoantropólogos con el uso reiterado de los neandertales como icono de un pasado salvaje y tosco del que alejarse. Durante eventos como la Gran Depresión o la Segunda Guerra Mundial, el estudio de los dinosaurios, como otras ramas de las ciencias o de las humanidades, se vio muy afectado, quedando en pausa en algunos casos. Los propios científicos consideraron a los dinosaurios como un grupo de animales obsoletos que no dejaron descendientes, y los dinosaurios fueron presentados más que nunca como estúpidos, lentos, atrapados en pantanos y condenados a la extinción. En este sentido, las ilustraciones científicas de dinosaurios —entre ellas, las de los geniales palaoartistas Rudolph F. Zallinger (1919-1995) y Zdeněk Burian (1905-1981)— fueron un reflejo de estas ideas y reforzaron la concepción de los dinosaurios como lentos y estáticos. También procede de esta época la recurrente asociación de dinosaurios y paisajes volcánicos, como mostrando una Tierra antigua, todavía joven e inestable. De tales ideas surgió el uso alternativo de dinosaurio como algo desactualizado.

Los dinosaurios dieron el salto a los sellos de correos a mediados de siglo. En 1958, la República Popular de China emitió una serie de tres sellos titulados «Paleontología china», y uno de ellos representa tanto el fósil como una reconstrucción del dinosaurio prosaurópodo *Lufengosaurus*. Los primeros sellos de correos que representaron animales prehistóricos en ilustraciones a todo color fueron emitidos el 5 de marzo de 1965 por las oficinas de correos de Polonia, que adoptaron la sana costumbre de plasmar en sus sellos los descubrimientos de los paleontólogos patrios. En la mayoría de estos sellos se representaban dinosaurios como *Brachiosaurus* o *Stegosaurus* junto a otros animales extintos mesozoicos, como pterosaurios o reptiles marinos, o populares animales extintos de otros periodos, como los pelicosaurios. Estas ilustraciones estuvieron basadas en el paleoarte de Zdeněk Burian. También en las décadas de los 50 y 60 se popularizaron los juguetes de dinosaurios. Cabe destacar una gran línea de dinosaurios y otros animales extintos producidos por la empresa Louis Marx and Company, famosos por sus series de soldaditos e indios y vaqueros. Los dinosaurios de Marx son auténticas piezas de coleccionismo hoy día.

Louis Paul Jonas creó las primeras esculturas modernas de dinosaurios a tamaño natural para la Feria Mundial de Nueva York de 1964, que les dedicó un área expositiva llamada Dinoland, que, por supuesto, fue patrocinada por la Sinclair Oil Corporation. Jonas consultó con los paleontólogos Barnum Brown, Edwin H. Colbert y John Ostrom para crear nueve esculturas que fueran lo más precisas posible para la época. Tras el cierre de la feria, los modelos de dinosaurios recorrieron el país en remolques como parte de una campaña publicitaria de la empresa. La mayoría de estas estatuas siguen exhibiéndose hoy día en varios museos y parques. En 1967, Sinclair Oil Corporation entregó uno de sus dinosaurios, un modelo de fibra de vidrio de un *Triceratops*, a la Institución Smithsoniana. Desde la década de 1970 hasta 1994, la estatua estuvo ubicada en el National Mall frente al Museo Nacional de Historia Natural.

En los años setenta, justo cuando estaba fraguándose la *dinosaur renaissance* en el mundo académico, se produjeron los primeros juguetes o figuras de colección con «calidad de museo». En 1974, Invicta Plastics, una empresa de Leicestershire, Inglaterra, produjo esta línea de veintitrés juguetes de dinosaurios junto con el Museo Británico de Historia Natural. La serie Invicta Dinosaurs permaneció en producción durante veinte años, y se publicaron nuevos lanzamientos de forma regular. En 1988, la empresa Safari Ltd. comenzó a producir la colorida colección Carnegie Museum en competencia directa con la línea Invicta, y llegando a ser mucho más popular, ya que la distribución de los dinosaurios Invicta fue bastante limitada, posiblemente por el deseo de estar disponibles exclusivamente solo en las tiendas de los museos. En respuesta, Invicta Dinosaurs apareció de repente en versiones nuevas, coloridas y pintadas, y usando nuevos materiales, como la goma. Las figuras de plástico duro se volvieron cada vez más difíciles de encontrar, y, al igual que los dinosaurios de Marx, hoy son objetos de colección.

Los dinosaurios se ganaron un sitio en la televisión en la comedia animada de la década de 1960 *Los Picapiedra*, en un ejemplo de tantos que muestran el anacronismo de dinosaurios coexistiendo con los humanos, como habían popularizado las películas como *Hace un millón de años* o *Cuando los dinosaurios dominaban la Tierra*, solo que esta vez con un tono muy cómico e infantil. Los dinosaurios también entraron en los cómics en este período en series como *Tor* o *Turok, Son of Stone*, de nuevo mostrando el anacronismo popular. Por otro lado, también en estas décadas aparecieron los primeros libros no técnicos y, por lo tanto, precursores de la actual divulgación científica. Cabe destacar los libros *The Dinosaur Book* (1945) o *The World of Dinosaurs* (1961), del paleontólogo norteamericano Edwin «Ned» Colbert (1905-2001), que convirtieron a Colbert en una figura importante para las generaciones venideras de paleontólogos y entusiastas de los dinosaurios.

La mayoría de representaciones de dinosaurios en nuestra cultura pop desde entonces aparecen asociadas o son catalizadas por su participación en obras de ficción, ya sean literarias o cinematográficas.

Las figuras de juguete de dinosaurios siguen siendo un gran reclamo.

Portada de la edición de 1912 de *El Mundo Perdido* de Arthur Conan Doyle donde se narran las increíbles aventuras del profesor George E. Challenger, Lord John Roxton, el profesor Summerlee y el periodista ED Malone.

DINOSAURIOS EN LA LITERATURA CLÁSICA

Si bien hemos visto que a mediados del siglo XIX los dinosaurios hicieron su primera aparición pública fuera del mundo académico, tardaron en aparecer en relatos. No obstante, aquel primer interés en los dinosaurios en la sociedad inglesa se vio reflejado en una mención dentro de la obra de Charles Dickens (1812-1870). Dickens vivió en el momento en que los primeros dinosaurios y otros reptiles mesozoicos estaban descubriéndose, como los reptiles marinos que encontraba Mary Anning en Dorset, y quién sabe si visitó los dinosaurios del Crystal Palace en su inauguración, cosa nada extraña que podría haber ocurrido. Los dinosaurios incluso aparecen brevemente mencionados en una de las novelas más famosas de Dickens: *Casa desolada* (*Bleak House*, de 1852). Esta novela, al igual que muchos otros de sus libros, reflejaba gran parte de lo que estaba sucediendo en el país en ese momento. Al margen de la situación social, los dinosaurios y otros animales prehistóricos estaban capturando la imaginación del público, de manera que, bien pensado, no es extraño que Dickens los mencionara. En *Bleak House* escribe:

> Clima implacable de noviembre. Había tanto barro en las calles que parecía que las aguas se acabaran de retirar de la faz de la Tierra, y to. Al margen de la situación social, *Megalosaurus* de alrededor de doce metros, caminando como un lagarto elefantino por Holborn?

Sin embargo, las representaciones de dinosaurios eran raras en el siglo XIX.

En 1864, vio la luz la fantástica novela *Viaje al centro de la Tierra* (*Voyage au centre de la Terre*), del también fantástico escritor Jules Gabriel Verne (1828-1905), famoso por sus novelas de aventuras, muchas veces con elementos de ciencia ficción. Es el caso de *Viaje al centro de la Tierra*, una novela en la que se narra la aventura del profesor Lidenbrock, su sobrino Axel y su guía Hans. El personaje principal de la historia es el joven Axel, que vive en Hamburgo, junto con su tío Otto Lidenbrock, un prestigioso profesor de mineralogía. Axel y su tío halla un pergamino rúnico que oculta un mensaje secreto. En él descubren unas indicaciones para llegar al centro de la Tierra a través de la caldera de un volcán dormido en Islandia. El viaje a través de los túneles es una delicia para los aficionados a la paleontología y la geología, ya que Verne se detiene a describir las rocas y fósiles que van encontrando. Llama especial atención por reflejar la visión que se tenía en la década de 1860 de la historia de la vida. Al llegar al centro de la Tierra, se topan con un mar interior, en el que tienen un encuentro con un ictiosaurio y un plesiosaurio. Sin embargo, no aparecen dinosaurios.

Con el hallazgo de nuevas especies se disparó la imaginación de muchos escritores, entre ellos, el genial Arthur Conan Doyle (1859-1930), famoso por ser el creador del mítico detective Sherlock Holmes, en boca de quien puso muchas frases míticas que, aunque usadas por Holmes en su resolución de crímenes, bien pueden aplicarse a la investigación científica. Mi favorita sin duda es esta de *Escándalo en Bohemia*: «Constituye un craso error el teorizar sin poseer datos. Uno empieza de manera insensible a retorcer los hechos para acomodarlos a sus hipótesis, en vez de acomodar las hipótesis a los hechos». Dejando de lado a Sherlock, Doyle es autor de la primera gran novela de aventuras con dinosaurios: *El mundo perdido* (*The Lost World*, 1912). Se cuenta que la inspiración para escribirla le vino a Doyle mientras paseaba por una cantera cerca de su casa en Sussex, donde pudo ver huellas de dinosaurio. Tras este encuentro con los pasos de un dinosaurio, su imaginación hizo el resto, y empezó a fantasear con dinosaurios vivos, sobreviviendo en una altiplanicie en Sudamérica. Su ubicación se debe a la existencia en este continente de los tepuyes, mesetas que suelen contener flora y fauna endémicas. La existencia de estas mesetas, su ubicación recóndita, sus especies únicas y su paseo cretácico fueron los ingredientes que dieron lugar a su mundo perdido. El protagonista principal de esta novela es el profesor Challenger, al que Doyle le dedicaría cuatro novelas más, esta vez sin dinosaurios. Se dice que Doyle estaba tan contento de haber creado el personaje de Challenger, que llegó a disfrazarse de él en varias ocasiones, ya fuese para pasear por Londres o para protagonizar una serie de fotografías promocionales de la novela. ¿Fue Arthur Conan Doyle el padre del fenómeno social del *cosplay*? Yo voy a considerarlo así, aunque desconozco si hay estudios de este estilo sobre la cultura friki o *geek*. En esta novela, una expedición liderada por el profesor Challenger parte a esta altiplanicie en Sudamérica, donde encuentran no solo dinosaurios, sino también humanos primitivos, y unos homínidos más primitivos aún, que no se llevan especialmente bien. La coexistencia en ese mundo perdido de dinosaurios y humanos es de nuevo un eco a los relatos fantásticos anacrónicos de la prehistoria, ya que estos humanos viven inmersos en una cultura paleolítica. Al profesor Challenger se le unen en la expedición el profesor Summerlee, otro científico rival que viaja con ellos para comprobar la veracidad de los hallazgos; Ed Malone, un periodista que cubre la aventura y, de paso, demuestra así a su amada que es un valiente, y lord John Roxton, un aventurero conocedor del Amazonas. Al llegar al mundo perdido y empezar su exploración, son atacados por pterodáctilos y dinosaurios, hasta que finalmente descubren la existencia de los humanos primitivos. Lamentablemente para nosotros, el episodio que trata sobre los dinosaurios es sorprendentemente corto, dedicándole más parte del relato al conflicto entre tribus prehistóricas. Aun así, aparecen en el relato dinosaurios populares, como *Iguanodon*, *Stegosaurus* y *Megalosaurus*, así como otros animales mesozoicos como pterodáctilos y reptiles marinos.

Otro escritor de esta misma época y de temática fantástica fue Edgar Rice Burroughs (1875-1950), famoso por ser el creador de Tarzán o John Carter de Marte. En sus novelas de Tarzán, es muy habitual que mezcle animales actuales de la jungla con animales prehistóricos. También incluye muchos elementos de fauna prehistórica en su serie *Pellucidar*, con clara inspiración en la obra de Verne, que empieza con la novela *At the Earth's Core* (1914), o la trilogía de *Caspak*, con una temática muy semejante a la obra de Doyle, cuya primera entrega es *La tierra que el tiempo olvidó* (*The Land that Time Forgot*, 1918).

También en la década de 1950 sale publicado *The enormous egg*, un libro del escritor norteamericano Oliver Butterworth (1915-1990), que podríamos considerar el primer libro con dinosaurios enfocado a un público infantil. En este libro, un niño encuentra un huevo del que nace un *Triceratops*, al que llama Uncle Beazley. Como el dinosaurio empieza a crecer demasiado, lo lleva al Smithsonian en Washington D. C.

Encuentro con el *Stegosaurus* en la edición de 1912 de *El mundo perdido.*

Entre esta década y la de 1980, el genial escritor de ciencia ficción Ray Bradbury (1920-2012) dedicó algunos de sus relatos a los dinosaurios, o los hizo partícipes de alguna manera. Entre estos relatos están *A Sound of Thunder* (1952), *Lo, the Dear, Daft Dinosaurs!* (1980), *The Fog Horn* (1951), *What If I Said: The Dinosaur's Not Dead?* (1983) y *Tyrannosaurus Rex* (1962). Estos relatos fueron recopilados y publicados en el libro *Dinosaur Tales* en 1983. Son especialmente conocidos sus relatos *A Sound of Thunder* y *The Fog Horn.* En el primero, viajamos al año 2056, cuando los viajes en el tiempo se han popularizado, hasta existiendo una empresa, Safari Inc., que ofrece a sus adinerados clientes la posibilidad de cazar dinosaurios, que son elegidos con cautela por estar a punto de morir y así no interferir en el pasado. En una de estas expediciones temporales, sin embargo, uno de los participantes pisa una mariposa, y, al volver a su presente, descubren cambios leves provocados por el incidente. En el segundo relato, dos fareros se enfrentan a la llegada de un monstruo prehistórico, que parece acudir al sonido de la sirena que se usa para alertar a los barcos de la proximidad del acantilado en noches de niebla.

Desde la década de 1970 se han seguido produciendo muchas obras de ficción con dinosaurios, con puntos de partida muy diferentes, desde viajes a planetas prehistóricos, como en *Dinosaur Planet* (1978) de Anne McCaffrey; su recreación mediante ingeniería genética en la mítica obra de Michael Crichton *Jurassic Park* (1990), de la que hablaremos más adelante, o usando el recurso clásico de los viajes en el tiempo, como en la genial *Bones of the Earth* (2002) de Michael Swanwick. Cabe destacar también la obra *Raptor Red* (1995) de Bob Bakker, narrada desde el punto de vista de un *Utahraptor*, un dromeosaurio cercanamente emparentado con *Deinonychus*, y ambientada en el periodo Cretácico. *Raptor Red* plasma en su relato muchas de las teorías de Bakker sobre los comportamientos de los dinosaurios, su inteligencia y el mundo en el que vivían.

DINOSAURIOS EN EL CINE CLÁSICO

Puede que el cine sea el mayor responsable en el siglo XX de grandes influencias socioculturales. Se suele comentar que, por ejemplo, tras el estreno de *En busca del arca perdida* en 1982, hubo un aumento de alumnos matriculados en Arqueología en las universidades norteamericanas. Y el caso de la relación del cine con los dinosaurios no es diferente, habiendo sido el principal vehículo por el que han llegado a ser cada vez más conocidos, y teniendo incluso un efecto como el de *Indiana Jones*: después del estreno de *Jurassic Park* en 1993, también aumentaron los estudiantes de Paleontología. No obstante, en este capítulo hablaremos de cine clásico. Porque los dinosaurios han estado presentes en el cine desde sus mismos orígenes.

En 1895, los hermanos Auguste Marie y Louis Jean Lumière patentaron su cinematógrafo, una invención que permitía fotografiar imágenes en movimiento. Ese mismo año, rodaron su primera película, *La sortie des ouvriers des usines Lumière à Lyon Monplaisir* (*Salida de los obreros de la fábrica Lumière en Lyon Monplaisir*), que fue estrenada en marzo de 1895 para maravilla de todos los asistentes y del mundo entero. Concebido inicialmente con el objetivo de entretener al público en eventos, fue cambiando hacia contar historias, dando lugar al cine moderno. Sin embargo, en su primera etapa ya tuvo relación con los dinosaurios. En 1914, se presentó el espectáculo *Gertie the Dinosaur*, creado por Winsor McCay (1867-1934), según parece, basado en unos libros infantiles con dibujos en cada página que crean una ilusión de animación. Inspirado en el montaje de un esqueleto de *Brontosaurus* en 1905 y por estos libros infantiles, se pasó dos años trabajando en realizar los dibujos que devolvieran la vida a esta brontosauria que llamó Gertie. Contactó con el Museo Americano para asegurarse de que sus movimientos fueran realistas, pero poco se sabía entonces, de manera que se inspiró en la forma de andar de un elefante y basó la respiración de la saurópoda en la suya propia. En su estreno, la película formaba parte de un espectáculo en el que participaba el propio McCay, que interactuaba con el dinosaurio, que actuaba de manera muy simpática, aunque con gran apetito, ya que llegaba a comerse un árbol entero o una roca. Durante la interacción de McCay con el dinosaurio, esta la premiaba cada vez que Gertie la obedecía. Al final del espectáculo, McCay desaparecía del escenario para reaparecer como dibujo animado y abandonar la escena a lomos de Gertie. No puedo evitar acordarme de la presentación que el filántropo John Hammond pretende hacer a sus visitantes en la visita piloto de su Parque Jurásico, en la que interactúa con una versión grabada de sí mismo de la misma manera que McCay interactuaba con Gertie. Desconozco si es un homenaje premeditado, o si la casualidad hizo que la película que marcó una nueva era para el cine de los dinosaurios tuviera un guiño a la primera que se hizo.

Fotograma de *Gertie the dinosaur,* primera aparición de un dinosaurio en el cine. [Library of Congress]

Cartel de la película *El mundo perdido* (1925).

A finales de 1914, se realizó un nuevo montaje de la película con una introducción y una serie de títulos para sustituir la presencia del presentador y así poder ser proyectado en cines. Estos adorables dinosaurios fueron rápidamente reemplazados cuando los cineastas descubrieron el filón de retratarlos como enormes monstruos aterradores. El primero de ellos fue un terrible *Ceratosaurus* en la película *Brute Force* de D. W. Griffith, en el mismo año 1914. Además, esta fue la primera vez en la pantalla en que se fantaseaba con la coexistencia de dinosaurios y humanos primitivos. *Brute Force* era en realidad la secuela de una primera película que Griffith había estrenado dos años antes, en 1912, llamada *Man's Genesis*, pero en la primera cinta solo aparecían los humanos arcaicos. El terrible *Ceratosaurus* de la secuela fue recreado a través de una marioneta. Tras *Brute Force*, hubo unas cuantas apariciones posteriores de dinosaurios cinematográficos de esta etapa, como, por ejemplo, en *Las tres edades* (*The Three Ages*, 1923) de Buster Keaton (1895-1966), o *The Dinosaur and the Missing Link* (1917) de Willis O'Brien (1886-1962).

Fotograma de *King Kong* (1933) en el que Kong se está enfrentando a un *Tyrannosaurus*.

En 1925, tuvo lugar un gran hito en la historia del cine de dinosaurios, el estreno de la primera superproducción. Y no era otra que la adaptación de la novela de Arthur Conan Doyle, *El mundo perdido*. Esta adaptación fue dirigida por Harry O. Hoyt (1885-1961), e introdujo unos impresionantes efectos especiales mediante la técnica de *stop motion* a cargo de Willis O'Brien y Marcel Delgado (1901-1976), que más tarde trabajarían juntos en la versión original de *King Kong* de 1933 dirigida por Merian C. Cooper. Todo el trabajo de preproducción se realizó ya sabiendo que la película iba a ser un gran espectáculo visual, la primera superproducción de Hollywood de la historia. Se construyeron detallados modelos de dinosaurios y se fabricó un gigantesco escenario de veintidós por cuarenta y cinco metros donde se recrearon los ambientes del mundo perdido. Cabe destacar la calidad de algunos de los modelos de dinosaurios, que parecían haber salido de los cuadros de Charles Knight en los que se basaban. Las jornadas de trabajo en la elaboración de los efectos especiales fueron largas e intensas (tened en cuenta que, para grabar escenas en *stop motion*, se fotografiaba la maqueta del dinosaurio, se movía un poco y se volvía a fotografiar, y así hasta la saciedad para obtener un efecto de movimiento fluido y realista), pero el resultado fue increíble para la época. Así mismo, para rodar la escena final, en la que un dinosaurio queda suelto por la ciudad de Londres, se contrataron a dos mil extras, y se llevaron al estudio decenas de coches y seis autobuses. Aún hoy sorprende la magnitud de esta escena cuando te paras a pensar que estás viendo una película muda de 1925. En su estreno, se convirtió en todo un éxito, alabado tanto por el público como por la crítica, e hizo historia también por traspasar la pantalla, ya que tuvo *merchandising*, como un puzle o un juguete de un dinosaurio. Se confirmaba: lejos de estar extintos, los dinosaurios habían regresado para quedarse. La película fue designada «culturalmente significativa» por la Biblioteca del Congreso de los Estados Unidos y seleccionada para ser conservada en el Registro Cinematográfico Nacional de los Estados Unidos.

Las hábiles técnicas de *stop motion* de Willis O'Brien fueron mejorando con los años. Después de *El mundo perdido*, empezó a trabajar en dos proyectos que no llegaron a producirse, pero que le permitieron mejorar. El primero de ellos era *Atlantis*, una historia fantástica que no llegó muy lejos. Después, empezó a trabajar en otro proyecto llamado *Creation*, en el que un submarino llegaba a una isla habitada por fauna prehistórica. Se iban a recrear muchos dinosaurios, como *Stegosaurus*, *Tyrannosaurus*, *Triceratops* o *Brontosaurus*, y otros animales extintos, tanto mesozoicos como cenozoicos. Al poco de trabajar en la realización de los efectos especiales, la productora hizo cuentas y decidieron ahorrarse la fortuna que iba a costar esa película. EE. UU. pasaba por el peor periodo de la Gran Depresión, y quizá no era el momento para no reparar en gastos. Afortunadamente, los fragmentos que O'Brien y Delgado llegaron a grabar han llegado hasta hoy. Como también llegaron a manos de Merian C. Cooper, quien tenía una idea para una película que quería dirigir. Los efectos especiales de O'Brien y Delgado habían mejorado mucho desde *El mundo perdido* hasta su trabajo en la fallida *Creation*, y Cooper quedó maravillado con el metraje que pudo ver. Le pidió a O'Brien que grabara unas escenas de prueba para vender su idea a la productora RKO, y, tras presentar su propuesta, recibió el apoyo a su proyecto. Así empezó la producción de *King Kong*, que se estrenó en

1933. La película arranca cuando un director de cine, Carl Denham, encuentra a Ann Darrow, una actriz de teatro desempleada, y la convence para que vaya con él en un barco a grabar su película. A bordo del S. S. Venture, llegan a la isla elegida para el rodaje, una isla que no aparece en los mapas, la isla Calavera, donde se encuentra un misterioso ser llamado Kong, al cual quiere filmar. Ann es secuestrada por los nativos, que pretenden ofrecérsela a Kong como sacrificio. Para recuperar a Ann, la tripulación deberá atravesar la prehistórica selva de isla Calavera, enfrentándose a muchos peligros. Cabe destacar la mítica escena de lucha entre Kong y un tiranosaurio, o el rapto de Ann por un pterosaurio. La tripulación logra rescatar a Ann, y encima logran dejar inconsciente a Kong. Lo trasladan a Nueva York para exhibirlo, pero el gigantesco simio escapa y siembra el caos en plena ciudad. El clímax de la película es la escena en el emblemático Empire State Building.

Para recrear la fauna de la isla Calavera se aprovecharon los modelos de dinosaurios que O'Brien y Delgado habían construido para *Creation*, e incluso algunas ideas de guion, como la escena en la que un pterosaurio rapta a Ann. Al igual que en *El mundo perdido*, las obras de Charles Knight eran la base para el aspecto de las criaturas extintas. Además, por primera vez, tuvieron que ponerles sonidos a los dinosaurios, ya que la época del cine mudo había acabado. Para el primer rugido cinematográfico del *Tyrannosaurus*, el técnico de sonido mezcló un rugido de puma, un motor y sonidos de su propia garganta. Fue tal el éxito de la película que la RKO decidió pisar el acelerador y grabar una secuela en tiempo récord para estrenarla ese mismo año, *El hijo de Kong*, que en general fue muy inferior a su predecesora. Como anécdota, esta secuela es responsable de un «gazaposaurio» en *Ciudadano Kane* (1941), ya que se reutilizaron unos fondos de las selvas de isla Calavera sin retirar los pterosaurios.

Cartel original de la película original de *Godzilla* (*Gojira*, 1954).

El siguiente paso en la historia del cine tras el cine con sonido fue el cine en color. Y para esta ocasión, los dinosaurios volvieron a ser de dibujos animados: me refiero a su participación en la memorable escena de *Fantasía* (1940) de Walt Disney. Aún recuerdo lo pesado que me puse cuando salió esta película en VHS, hasta que mis padres me la regalaron y me pasé días viendo en bucle la secuencia de los dinosaurios. Esta película consta de varios cortometrajes de animación con diferentes estilos y con piezas musicales clásicas que sirven de banda sonora. La cuarta secuencia de animación está dedicada a la pieza musical *La consagración de la Primavera* de Igor Stravinski, y en ella hacemos un recorrido simplificado por la historia de la vida en la Tierra de acuerdo con las ideas de esta década. Tras la formación de la Tierra y el origen y evolución de la vida simple, asistimos al viaje de un pez que va evolucionando hasta convertirse en el primer tetrápodo que asoma su cabeza fuera del agua. Tras la conquista del medio terrestre, se pasa directamente a las escenas mesozoicas, empezando por reptiles marinos y pterosaurios, hasta que un *Pteranodon* es atrapado por un *Mosasaurus* desde el agua. La siguiente escena muestra a un grupo de *Brontosaurus* en un pantano, una manada de ornitomimosaurios y un enorme *Stegosaurus* que se mueve lentamente, arrastrando su cola y arrasando las ramas de los árboles con sus placas óseas. Se unen a la escena hadrosaurios y *Triceratops*, incluyendo grupos familiares con crías. Coincidiendo con un trueno y el inicio de una tormenta, aparece un *Tyrannosaurus* dispuesto a merendar, y se enfrenta con el *Stegosaurus* en un combate que pierde el tireóforo. Llama la atención que a *Tyrannosaurus* se le represente con tres dedos, pero en aquel momento no teníamos todavía ningún brazo completo de este animal, y se reconstruyó su brazo como el de otros «carnosaurios», que era el término que se usaba para los terópodos de gran porte. La última escena de esta secuencia muestra una extinción causada por la sequía, en la que dinosaurios hambrientos y sedientos vagan por el desierto, en busca de alimento, y algunos quedan atrapados en arenas movedizas. Finalmente, de ellos solo quedan sus huesos, que además son engullidos por la Tierra durante un gran cataclismo. En todo momento a los dinosaurios se les representa siguiendo el paradigma imperante, el de dinosaurios lentos, torpes y estúpidos, que mueren en cuanto las condiciones cambian. Además, se mezclan dinosaurios y otros reptiles extintos de diferentes épocas, práctica muy común en los productos de entretenimiento. La escena de la extinción de los dinosaurios, con su aumento de temperaturas y sequía, era una de tantas explicaciones que se consideraban válidas durante mucho tiempo en ausencia de algún tipo de evidencia que arrojase algo de luz sobre el asunto. Pero esta evidencia tardaría un poco más en llegar.

Las películas siguientes en las que se representaron dinosaurios de algún modo siguieron el mismo paradigma para la representación de los dinosaurios. En la década de 1950, el miedo a una posible guerra nuclear desatada tras los bombardeos de Hiroshima y Nagasaki en 1945 marcó mucho el carácter del cine. Así es como surgen películas como *La bestia de tiempos remotos* (*The Beast from 20,000 Fathoms*, 1953) y *Godzilla* (su versión original *Gojira* es de 1954, y fue reestrenada en EE. UU. con metraje extra en 1956 como *Godzilla, King of the Monsters!*). Ambas películas tienen en común que retratan monstruosos reptiles prehistóricos parecidos a dinosaurios que hacen estragos después de ser despertados por pruebas de bombas atómicas. En el caso de *La bestia de tiempos remotos*, la criatura es un dinosaurio inventado llamado *Rhedosaurus*, que de hecho anda con las extremidades a los lados, hecho que nos imposibilita clasificarlo como dinosaurio. Esta bestia es despertada de su letargo en los hielos del Ártico por unas pruebas de bombas nucleares, y empieza a sembrar el caos por donde pasa, hasta llegar a Manhattan. Por si la destrucción de un lagarto gigante fuera poco, a su paso va dejando una enfermedad prehistórica que causa más muertes. Finalmente, es abatido con un isótopo radiactivo, cerrando el ciclo de destrucción. Como curiosidad, la escena en que el *Rhedosaurus* ataca un faro está basada en el relato de Ray Bradbury *The Fog Horn*. Además, los efectos especiales en esta película corrieron a cargo de Ray Harryhausen (1953-2013), cuyo mentor fue Willis O'Brien. Harryhausen elevó el arte del *stop motion* hasta cotas nunca vistas, y su trabajo en cintas como *Jasón y los argonautas* (*Jason and the Argonauts*, 1963) ha pasado a la historia del cine.

En el caso de *Godzilla*, fue el inicio de toda una saga de películas con varias adaptaciones que continúa a día de hoy. La película original fue dirigida por Ishirō Honda, con efectos especiales de Eiji Tsuburaya y producida por Toho Studios. En la película, tras la destrucción de dos cargueros y algún barco de pesca, un anciano culpa a la antigua criatura marina conocida como *Gojira* en su versión original japonesa y Godzilla como versión occidentalizada. Los reporteros llegan a la zona para investigar más a fondo, y los pescadores les cuentan que hay algo en el mar que está arruinando la pesca. Esa misma noche, Godzilla destruye el poblado. El Gobierno envía al prestigioso paleontólogo el Dr. Kyohei Yamane para que investigue los hechos y unas extrañas evidencias, como unas gigantescas huellas radiactivas y un trilobite vivo, que parece haberse desprendido de la bestia. El Dr. Yamane regresa a Tokio y presenta sus hallazgos, estimando que Godzilla mide 50 m de altura —una barbaridad para cualquier dinosaurio, incluidos los mayores saurópodos que conocemos hoy día—, y propone que ha sido perturbado de su letargo submarino por las pruebas de bombas nucleares bajo el agua. Godzilla resurge y se abre camino hasta Tokio, sembrando más destrucción en toda la ciudad. Todos los intentos de abatir al gigantesco saurio fracasan, hasta que se usa un arma experimental que denominan «destructor de oxígeno». Para su estreno en EE. UU. y el resto del mundo, se montó una versión diferente, llamada *Godzilla, King of the Monsters!* La versión original se recortó a 80 minutos y se incluyeron nuevas imágenes con el actor canadiense Raymond Burr interactuando con dobles de cuerpo mezclados con imágenes de la versión original, para que pareciera que él fue parte de la producción japonesa original.

Godzilla fue diseñado por Teizo Toshimitsu y Akira Watanabe. Aunque al principio se contempló que esta criatura tuviera un diseño basado en un gorila o ballena, finalmente Toshimitsu y Watanabe decidieron basar el diseño de Godzilla en dinosaurios y combinaron elementos de un *Tyrannosaurus*, *Iguanodon* y las placas dorsales de un *Stegosaurus*. Para el rugido mítico de la criatura, tras desechar grabaciones de animales reales, el compositor Akira Ifukube frotó con un guante de cuero las cuerdas inferiores sueltas de un contrabajo y alteró el tono y la velocidad de la grabación hasta que se concibió el rugido final. Según una leyenda urbana, no obstante, el rugido original sería la grabación de una puerta oxidada del estudio al abrirse. A pesar de que la criatura muere en la película original, tuvo una secuela directa en la que un nuevo ejemplar reaparece y se enfrenta a una nueva criatura, Anguirus, basada en una especie de anquilosaurio. Esta secuela fue la primera de muchas, creando una franquicia que continúa a día de hoy, incluidas dos versiones americanas. Godzilla, además, se ha convertido en todo un icono popular de Japón.

Fotograma de *El Valle de Gwangi* (*The Valley of Gwangi*, 1969). En esta película se mezcla el género dinosauriano con el wéstern.

En los años siguientes floreció el cine de dinosaurios con propuestas tan curiosas como su mezcla con el género del *western*, como *La bestia de la montaña* (*The Beast of Hollow Mountain*, 1956) o *El valle de Gwangi* (*The Valley of Gwangi*, 1969), la cual tuvo efectos especiales a cargo de Ray Harryhausen. *El valle de Gwangi* tiene la particularidad de haber sido grabada en la provincia de Cuenca, pudiendo reconocerse la espectacular Ciudad Encantada como el propio valle, e incluso la propia ciudad de Cuenca, incluida su catedral. Llámalo destino, llámalo suerte o llámalo karma, pero con el tiempo dicha provincia se hizo famosa internacionalmente por los restos fósiles de dinosaurios del Cretácico. Otra mezcla curiosa de esta época es la de las historias fantásticas de prehistoria anacrónica, con humanos cavernícolas conviviendo con dinosaurios. La primera de este peculiar género en esta etapa fue *Hace un millón de años* (*One Million Years B. C.*, 1966), que en realidad es un *remake* de una película de 1940, *One Million B. C.* Fue dirigida por Don Chaffey y protagonizada por Raquel Welch y John Richardson en la piel de los principales cavernícolas. Contó con el arte *stop motion* de Harryhausen y cosechó grandes éxitos, tanto por sus efectos especiales como posiblemente por los bikinis de pieles de las cavernícolas. Esta moda fue seguida por otras películas, como *Cuando los dinosaurios dominaban la Tierra* (*When Dinosaurs Ruled the Earth*, 1970). Otras propuestas de la época son *La tierra olvidada por el tiempo* (*The Land that Time Forgot*, 1975), basada en la obra homónima de Edgar Rice Burroughs, o *El planeta de los dinosaurios* (*Planet of Dinosaurs*, 1977), una historia equivalente, solo que sustituyendo el submarino y la isla por una nave espacial y un planeta gemelo de la Tierra mesozoica.

En la década de 1980 ya se nota un cambio de imagen de los dinosaurios en el cine. Ya estábamos inmersos en la *dinosaur renaissance* en el mundo académico, con grandes hallazgos que estaban cambiando nuestra imagen de los dinosaurios. Pese a que esa nueva imagen aún estaba por aparecer en el cine, en los productos de esta década pasamos de tener a los dinosaurios como la amenaza a simpatizar con ellos. Es el caso de los saurópodos de *Baby, el secreto de una leyenda perdida* (*Baby: Secret of the Lost Legend*, 1985), basada en la leyenda del Mokele-Mbembe y con una paleontóloga protagonista interpretada por Sean Young. Recuerdo quedarme embobado viendo esta película, que siendo un niño consideré impresionante y realista. ¡Imaginad mi reacción en 1993 al encontrarme cara a cara con los dinosaurios de *Jurassic Park*! Otra película que nos hacía simpatizar con los dinosaurios, que esta vez eran los protagonistas, fue la mítica *En busca del valle encantado* (*The Land Before Time*, 1988). Esta película, con una animación que no tenía nada que envidiar a ningún título de Disney hasta la fecha, marcó a toda una generación de niños, e incluso a algún futuro paleontólogo. Uno de mis mejores amigos, Daniel Vidal, también paleontólogo especialista en saurópodos, es uno de los firmes defensores de la entrañable película de Piecito. Desconozco cuántas veces la debí ver de niño, pero él debe superarlas con creces. Sin quererlo, esta película creó un precedente o tema recurrente en las películas protagonizadas por dinosaurios. En todas y cada una de ellas, la mayor parte de la aventura implica un viaje, ya sea una migración para llegar a la zona de anidamiento, como en *Dinosaurio* (*Dinosaur*, 2000), o un regreso a casa, como en *El viaje de Arlo* (*The Good Dinosaur*, 2015).

Recreación en 3D de *Deinonychus* típica de finales del siglo XX. Hoy obsoleta, ya que sabemos que estos dinosaurios estaban completamente emplumados.

LA DINOSAUR RENAISSANCE: LA NUEVA ERA

Pese a que a lo largo del siglo XX se fueron acumulando descubrimientos de nuevas especies de dinosaurios y de otros vertebrados del Mesozoico, la vieja imagen seguía imperando: seguíamos viendo ese mundo de un modo clasista. ¿Cómo iba a ser un mundo dominado por reptiles sino un mundo condenado a desaparecer? Y es que los reptiles actuales, pese a ser terribles en algunos casos, por su condición de sangre fría no son capaces de grandes gestas. Su metabolismo es lento, se pasan toda la vida creciendo lentamente, no son capaces de estar activos todo el día... Vale, los dinosaurios los ganaban a la hora de su locomoción con la posición de sus patas, pero seguían siendo torpes, lentos, y sus cerebros, del tamaño de una nuez, no ayudaban. Sin embargo, en la segunda mitad del siglo XX empezaron a acumularse hallazgos y descubrimientos que cambiarían para siempre esta imagen.

Recordaréis que en las primeras expediciones al desierto de Gobi se habían descubierto los huesos fósiles de dinosaurios terópodos, como *Velociraptor* u *Oviraptor*. Sin embargo, pese a que tengamos una imagen muy sesgada de estos hallazgos como ejemplares completos, fue con el tiempo que se llegaron a desenterrar esqueletos más completos y pudimos completar el puzle. Lo cierto es que los primeros fósiles de *Velociraptor* no eran gran cosa comparados con un esqueleto completo: se trataba de un cráneo y una garra. De manera que, cuando Henry Fairfield

Osborn en 1924 lo nombró *Velociraptor mongoliensis* (recordemos, su nombre significa «ladrón veloz encontrado en Mongolia»), se la jugó un poco, o tuvo una epifanía: solo su cráneo alargado y esbelto, más aerodinámico que otros terópodos, podía sugerir que aquel pequeño terópodo pudiese ser veloz. Y más en ese momento, considerando a los dinosaurios como animales lentos y torpes.

Esqueleto de *Deinonychus*. Este dinosaurio terópodo tiene gran parte del mérito del cambio de imagen de los dinosaurios en el último tercio del siglo XX. [Scott Anselmo/WikimediaCommons]

Durante mucho tiempo, *Velociraptor* y su familia —*Dromaeosauridae*— no fueron tan bien conocidos como lo son ahora. Pero las cosas cambiaron con el tiempo. En 1931, durante una expedición a Montana del Museo Americano de Historia Natural, el paleontólogo Barnum Brown encontró el esqueleto de un dinosaurio ornitópodo, *Tenontosaurus*. Junto a los huesos de este animal, aparecieron los restos de un pequeño terópodo, pero sus restos estaban muy encostrados en la dura roca, lo que dificultaba su extracción y preparación. Tuvieron que pasar treinta años para que se resolviera el misterio de esos restos fósiles de terópodos pequeños. En

1964, una expedición del Museo Peabody de la Universidad de Yale volvió a Montana, con el paleontólogo John Harold Ostrom (1928-2005) a su cabeza. Durante tres campañas de excavación en total se recuperaron más de 1000 huesos, pertenecientes al menos a tres individuos.

Finalmente, en 1969 Ostrom publicó este nuevo dinosaurio, al que llamó *Deinonychus antirrhopus* («terrible garra con contrapeso», refiriéndose, por un lado, a la garra curva de su pie y, por otro lado, a su cola, aparentemente rígida, que ayudaría a mantener el equilibrio). Ostrom publicó una monografía sobre este animal, aunque siguió reestudiando sus restos hasta que en 1974 publicó un nuevo trabajo corrigiendo algunos de sus errores. Ese mismo año, un equipo de la Universidad de Harvard encontró en Montana un nuevo ejemplar con huesos que hasta ahora no se habían recuperado, y en poco tiempo se fue completando el puzle de *Deinonychus*.

El resultado de estas investigaciones hizo tambalearse la imagen que teníamos de los dinosaurios. Tanto que este trabajo de Ostrom se considera como uno de los hitos más importantes en la paleontología de mediados del siglo XX.

Deinonychus era un dinosaurio terópodo cuyas proporciones distaban mucho de la imagen de dinosaurios lentos y pesados, era esbelto y grácil. Tenía unas patas posteriores largas, perfectas para correr y saltar, rematadas por garras afiladas, en especial la garra del dedo II, la «garra terrible» de los raptores. Sus brazos eran largos y se asemejaban mucho a los brazos de las aves, solo que rematados, de nuevo, por garras afiladas. En ese sentido, su brazo era muy parecido al de *Archaeopteryx*. La cola, muy larga y mantenida elevada en posición horizontal, ayudaría como contrapeso durante la carrera y los saltos. El pubis, el hueso de la cadera que en las aves aparece apuntando hacia atrás pero en el resto de dinosaurios saurísquios todavía apunta hacia adelante, aquí ya adquiere una posición parecida a la aviana. Estamos ante un grácil y rápido depredador que no tiene nada que ver con aquella imagen de dinosaurios tontos y lentos condenados a extinguirse. Y el descubrimiento de estos ejemplares hizo que pudiéramos reinterpretar y completar los esqueletos del resto de dromeosaurios como *Velociraptor*. Era el renacimiento de una familia entera de dinosaurios (y, con ella, del grupo entero).

El paleontólogo Jack Horner (derecha) en el estreno mundial de *Jurassic World* en el Dolby Theatre de Hollywood en 2015.

Normalmente, se considera el punto central de esta *dinosaur renaissance* un artículo publicado por el paleontólogo norteamericano Robert Thomas «Bob» Bakker en 1975, llamado literalmente *dinosaur renaissance* en la revista de divulgación científica *Scientific American* (que llega a nosotros en su edición española *Investigación y Ciencia*). Paralelamente a este trabajo divulgativo, Bakker estaba trabajando en una serie de artículos científicos sobre la superioridad de los dinosaurios. Tanto en el artículo de 1975 como en los demás, el discurso era argumentar que los dinosaurios no eran tan lentos y estúpidos como se pensaba, sino animales muy bien adaptados a su medio, y, tomando como punto de partida los trabajos de Ostrom, hizo hincapié en que no se extinguieron del todo, quedando vivos un último grupo de dinosaurios, las aves.

Pero el hallazgo de ágiles depredadores solo fue el comienzo de esta revolución. En las expediciones al Gobi también se habían encontrado puestas de huevos, pero no se tenía constancia de que formaran verdaderos nidos, con un agujero excavado en la tierra donde estos se depositaban. Los primeros nidos bien reconocibles estaban a punto de aparecer a finales de la década de 1970. Y venían con muchas sorpresas. En 1975, el paleontólogo John R. «Jack» Horner fue contratado como técnico de preparación por la Universidad de Princeton, y, en 1978, se interesó por un hecho peculiar: en ocasiones, aparecían huesos de dinosaurios en rocas sedimentarias con mucha influencia marina. Además, Horner descubrió que una gran proporción de esos huesos fósiles eran de dinosaurios inmaduros, juveniles o crías. La institución en la que trabajaba tenía en sus colecciones algunos fósiles de hadrosaurios que en su momento había recogido Douglass en rocas marinas de Montana, y se decidió a investigar a fondo en el lugar de procedencia de aquellos huesos. Horner y su buen amigo Bob Makela usaron sus días de vacaciones para desplazarse hasta Montana en busca del lugar de origen de aquellos fósiles. No fue su prospección la que trajo su fortuna, sino una visita a una tienda de minerales donde pudieron identificar huesos de dinosaurios entre los fósiles que habían recogido los dueños de la tienda. Entre los huesos encontrados, había al menos una mandíbula de un hadrosaurio muy joven. Los vendedores de fósiles les enseñaron el lugar de los hallazgos, unos afloramientos de la Formación Two Medicine, del Cretácico superior, cerca de Choteau.

Reconstrucción de un nido de *Maiasaura*. El hallazgo de estos nidos, con crías que se estaban alimentando hasta el punto de desgastar sus dientes, sugiere que, al menos en este grupo de dinosaurios, había cuidados parentales. [Jacek Plewa/WikimediaCommons]

Jack Horner llamó a su jefe en Princeton para contarle el hallazgo y para explorar la posibilidad de realizar una excavación, que, por supuesto, fue aceptada instantáneamente. Rápidamente, consiguieron también el permiso de los dueños del terreno. Así nacía el primer proyecto de excavación paleontológica a cargo de Horner, que recuerda con mucho cariño incluso a día de hoy, ya que fue el hallazgo que le permitió entrar en el mundo de la investigación en paleontología. En el yacimiento se hallaron alternancias de margas verdes y rojas en las que se reflejaba perfectamente la forma de unos círculos y óvalos, dentro de los cuales se encontraban los huesos de crías: habían descubierto los nidos, que habían sido excavados por los padres en el sedimento rojo, y cubierto por el verdoso. Lo que fue realmente un gran descubrimiento fue que los dientes de las crías dentro de los nidos mostraban signos de desgaste, lo que demuestra que habían estado alimentándose durante cierto tiempo en el propio nido. Y eso solo tiene una interpretación: sus progenitores los alimentaban, cuidaban de ellos. A partir del material de las crías y de un cráneo de adulto encontrado en el mismo yacimiento, describieron el dinosaurio *Maiasaura* («lagarto buena madre»). Tal hallazgo facilitó mucho que en años siguientes se continuaran los trabajos de excavación, en los que describieron hasta ocho nidos en el mismo nivel, con lo que propusieron que una colonia de al menos ocho hembras había anidado y cuidado a su prole en el mismo sitio. Los trabajos de excavación e investigación de Jack Horner y sus colegas en estos yacimientos fueron rompedores por revelar por primera vez patrones de nidificación y cuidado parental en dinosaurios ornitópodos. Un verdadero bombazo que ayudó a ver a los dinosaurios como animales que podían ser sociales, que elaboraban nidos y cuidaban de su descendencia, alejándose todavía más de la imagen de reptil estúpido y lento que se tuvo durante décadas.

La *dinosaur renaissance* tuvo otro descubrimiento como aliado: la propia biología de los dinosaurios. ¿Cómo es posible estudiar características del metabolismo o fisiología de estos animales, de los que solo nos quedan huesos fósiles? Los estudios paleohistológicos pueden arrojar luz sobre la historia de vida (como la edad de madurez sexual o longevidad del individuo en cuestión), así como la naturaleza del metabolismo de estos animales. La paleohistología es la subdisciplina de la paleontología que se ocupa del estudio de los tejidos fósiles. Dado que durante la fosilización, salvo casos excepcionales, se pierde la información respecto a los tejidos blandos, los tejidos mineralizados son normalmente el objeto de estudio de los paleohistólogos. Del mismo modo, la mayoría de elementos esqueléticos que cumplen la descripción de un «tejido» (conjunto organizado de células con un comportamiento fisiológico coordinado y un origen embrionario común) son los que poseen los vertebrados. Por ese motivo, la mayoría de estudios de paleohistología se realizan sobre tejidos esqueléticos de vertebrados, que incluyen: hueso, cartílago, dentina, cáscara de huevo y esmalte.

Aunque hubo incursiones muy tempranas en la observación del tejido microscópico de los huesos de dinosaurios, debemos al paleontólogo francés Armand de Ricqlès el nacimiento de la paleohistología de dinosaurios moderna. Trabajó inicialmente en histología ósea de animales actuales, tratando de determinar los tipos de crecimiento óseo, su relación con el crecimiento del animal y su metabolismo, así como determinando las señales de todo ello en la microestructura del hueso. Posteriormente, aplicó sus estudios de histología ósea actual a vertebrados fósiles, con especial interés en los dinosaurios. En 1968, publicó el primer volumen de su extensa obra *Recherches paléohistologiques sur les os longs des tétrapodes* (*Investigaciones paleohistológicas de los huesos largos de tetrápodos*). Toda una generación de paleohistólogos aprendió de él, entre ellos, Jack Horner, que aplicó estos estudios a *Maiasaura*, o Martin Sander, que estableció su grupo de trabajo en paleohistología en la Universidad de Bonn, con quien tuve el placer de formarme en este campo. Ricqlès estudió con mucho detalle la paleohistología del saurópodo malgache *Lapparentosaurus*, aunque llamado en su momento *Bothriospondylus.* En sus trabajos puso de manifiesto que los dinosaurios saurópodos se caracterizaban por abundante tejido óseo fibrolamelar.

Algunos animales que crecen rápido muestran este tejido compuesto que les permite dejar huecos, formando una red. En su inicio, se deposita hueso fibroso en los intersticios de los canales vasculares, formando dicha red. Una vez el animal alcanza mayor tamaño, un hueso poroso puede ser un problema, por lo que los canales vasculares se empiezan a rellenar en un proceso más lento, de esta forma el hueso se deposita organizado. El tejido óseo resultante es el llamado «hueso fibrolamelar». El relleno del canal vascular con hueso lamelar forma las llamadas «osteonas». Este tipo de tejido óseo es típico de animales con crecimiento rápido y que alcanzan grandes tamaños, como los mamíferos o los dinosaurios. Es sobre esta red de tejido organizado que aparecen las osteonas secundarias cortando la estructura primaria. Estas osteonas secundarias son las responsables de la remodelación del hueso, ya sea consecuencia de pequeñas fisuras o fracturas, o a estrés mecánico. Los animales de crecimiento rápido y metabolismo alto suelen ser propensos a remodelar sus huesos largos una vez han alcanzado el tamaño adulto definitivo.

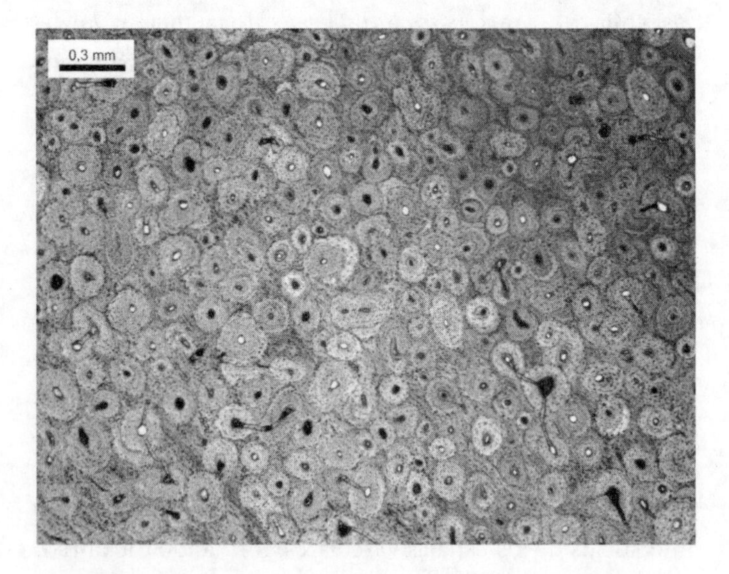

Imagen al microscopio de un corte o lámina delgada de un hueso largo de hadrosaurio. A esta gran cantidad de hueso secundario formando nuevas osteonas que se superponen cortando unas a otras se le conoce como «hueso haversiano» y también es típico de muchos animales con metabolismo alto. [Imagen del autor]

Posteriores estudios tanto del propio Ricqlès como de la siguiente generación de paleohistólogos confirmaron que este tejido fibrolamelar era muy común en dinosaurios. Este tipo de tejido refleja un crecimiento continuo y acelerado, lo que permitiría a estos animales alcanzar tamaños gigantes con relativa rapidez. Ya en su trabajo pionero, Ricqlès apuntó la posibilidad de que esto representara una tasa metabólica más elevada que la típica de los reptiles, e incluso un metabolismo homeotérmico. Posteriores estudios de huesos de algunos saurópodos notaron la presencia de algunos ciclos de crecimiento de hueso y líneas de crecimiento (LAGs), sobre todo en la periferia del córtex. Esas estructuras se forman en animales actuales como resultado de crecimiento cíclico y son particularmente comunes en taxones ectotérmicos. Estas y otras evidencias histológicas sugirieron que los saurópodos (y probablemente el resto de dinosaurios) tendrían un metabolismo intermedio, más alto que el metabolismo típicamente reptiliano y más parecido al aviano, pero con una ciclicidad anual marcada.

Otro punto clave de la moderna concepción de los dinosaurios que se origina en la *dinosaur renaissance* es la unidad dinosauriana como grupo taxonómico. Si bien la primera propuesta de Owen consideraba a los dinosaurios un grupo único de reptiles (aunque sin reminiscencias evolutivas ni ancestros comunes, claro), esta concepción de los dinosaurios como un único grupo no duró mucho en realidad. En 1888, la propuesta de unidad de *Dinosauria* fue rechazada por el naturalista británico Harry Govier Seeley (1839-1909), quien fue el primero en proponer dos órdenes separados, que habían evolucionado por separado, de manera independiente: por un lado, los saurísquios (con cadera semejante a la condición típica de reptiles) y, por otro lado, los ornitísquios (con la cadera modificada con el hueso púbico apuntando hacia atrás, como en las aves). Cabe recordar que esta propuesta no tenía en cuenta —desconocía por completo— el origen dinosauriano de las aves, de modo que esta mención a las aves era pura descripción. Aunque parezca mentira, esta propuesta de que los dinosaurios en realidad son dos grupos separados sin un ancestro común ha estado muy presente y vigente durante casi un siglo, hasta que llegamos a este momento de renacimiento. En realidad vimos que Nopcsa apuntaba en este sentido, pero, al fin y al cabo, fue un avanzado a su tiempo en general.

Esto cambió en 1974, cuando los paleontólogos Bob Bakker y Peter Galton publicaron un artículo argumentando que los dinosaurios no solo eran un grupo monofilético natural, sino que debían elevarse al estado de una nueva clase, que también incluiría aves.

Hasta tiempos recientes, identificar semejanzas en los huesos de dos animales se usaba para clasificarlos juntos. Si bien esta sigue siendo la base de la taxonomía, hoy en día esta interpretación llega más lejos: nos fijamos en características que sean innovaciones evolutivas, no en caracteres primitivos. Y cuantas más características nuevas tengan en común dos animales, serán parientes más cercanos y compartirán un ancestro común reciente. Por ejemplo, no usaremos el carácter de que los humanos tenemos cinco dedos en las manos, porque es un atributo muy antiguo que ya podemos encontrar en los primeros tetrápodos, pero, por ejemplo, sí que es una característica novedosa que los caballos hayan ido reduciendo los dedos hasta tener uno solo soportando su casco. Usando este tipo de rasgo es como se van realizando lo que llamamos las «filogenias», que son las reconstrucciones de las relaciones de parentesco de una serie de especies o géneros. Estas reconstrucciones pueden basarse en caracteres físicos, como los osteológicos, o bien en caracteres moleculares. Por supuesto, cuando una filogenia incluye seres vivos únicamente conocidos en el registro fósil, se usan caracteres físicos. Una vez tenemos reconstruidas las relaciones de parentesco entre diferentes animales, podemos llegar a definir grupos, o contrastar si agrupaciones anteriores son válidas o no. Actualmente, siguiendo una clasificación de los seres vivos basada en estas relaciones filogenéticas o de parentesco, solo son válidos los grupos que llamamos «monofiléticos». Un grupo monofilético es aquel que incluye tanto al ancestro común de todos sus miembros como a todos los descendientes de ese ancestro común. Si, por el contrario, un grupo no incluye a todos los descendientes del ancestro común, hablamos de un grupo «parafilético», que puede ser útil en discusiones o para entendernos, pero no puede ser usado en la clasificación. Por ejemplo, al proponer que los dinosaurios son un grupo monofilético, Bakker y Galton estaban incluyendo a todos los dinosaurios, a su ancestro común —que lo desconocemos, pero lo más probable es que fuera una forma parecida a *Herrerasaurus* o *Eoraptor*— y también a todos los descendientes de ese ancestro común. Y la totalidad de descendientes incluye a las aves. Un ejemplo de grupo parafilético es la concepción clásica de reptil como clase: incluye a todas las formas actuales y fósiles de reptiles, a su ancestro común, pero no a todos sus descendientes, porque las aves tradicionalmente se separan en otra clase. Un tercer tipo de grupo es el polifilético, que es una agrupación de seres vivos que no tienen un ancestro común a ellos, sino que forman parte de linajes separados. Evidentemente, este tipo de agrupación no es de ninguna utilidad.

Con el paso del tiempo, la monofilia de *Dinosauria* se ha confirmado, especialmente desde la popularización de los análisis filogenéticos: técnicas de análisis de datos en los que se codifican los caracteres de las especies, y una serie de cálculos y algoritmos encuentran la solución (o soluciones) para reconstruir estos árboles evolutivos de la manera más parsimoniosa. La propuesta de una clase *Dinosauria*, sin embargo, no ha calado, pero porque, en la actualidad, las categorías taxonómicas están abandonándose en biología y paleontología.

Bakker se caracterizó por su defensa a ultranza de que los dinosaurios eran endotermos, de sangre caliente. Y se basaba en una serie de evidencias: primero, la postura erguida de dinosaurios y aves; en segundo lugar, su histología ósea, que muestra una gran remodelación, cosa que se da también en mamíferos; en tercer lugar, en las formaciones geológicas con dinosaurios, se observa una proporción de depredadores/presas parecida a las comunidades de mamíferos actuales (cosa que no pasa con, por ejemplo, los cocodrilos), y por último, los dinosaurios habitaron incluso las regiones polares durante el Mesozoico.

Esta nueva concepción de los dinosaurios fue mucho más que un «cambio de moda», fue un cambio de paradigma que fue impregnando poco a poco todas las subdisciplinas de la paleontología de dinosaurios. Una nueva visión que los convirtió en unos animales mucho más atractivos que antes. Se impulsaron de nuevo sus excavaciones y aumentaron sus estudios desde la perspectiva paleobiológica. También fue un momento de cambio en las reconstrucciones de estos animales —recordemos, el paleoarte es el reflejo del conocimiento científico del momento—. Así, a partir de 1975, empieza a observarse un notable cambio en la manera de representar a los dinosaurios en las paleoilustraciones. A nivel popular, el carpetazo definitivo que transmitió esta nueva imagen de los dinosaurios a todo el público fue el estreno de *Jurassic Park* en 1993.

Antes de la *dinosaur renaissance*, al considerar a los dinosaurios como animales estúpidos, lentos y obsoletos, nadie prestaba atención al tema de su extinción. Al fin y al cabo, a nadie le sorprendía que animales tan poco agraciados acabasen desapareciendo. Pero ¿qué pasa tras la revolución de su renacimiento? ¿Cómo vamos a creer ahora que los ágiles depredadores, que los pacíficos herbívoros que vivían en grupos y se alimentaban de sus crías, que todos estos animales tan activos y bien adaptados a su medio, estaban condenados a extinguirse? Si no eran los bichos torpes que creíamos antaño, ¿qué les pasó? Esta pregunta no está exenta de cierta preocupación por nosotros mismos: antes nos veíamos muy por encima de ellos, y no nos extrañaba que desapareciesen. Ahora, los valoramos de una manera muy cercana a nosotros, los mamíferos. ¿Podríamos también desaparecer nosotros?

LA ÚLTIMA NOCHE DE LOS DINOSAURIOS

Los dinosaurios dominaron la Tierra durante casi 160 millones de años. Y hace 66 millones de años, se produjo la gran extinción de finales del Cretácico. Sin embargo, las faunas de dinosaurios que vivían a finales del Cretácico no eran las mismas que habían aparecido a mediados del Triásico, ni tampoco eran las mismas especies que habitaron los paisajes jurásicos. Este hecho suele sorprender mucho, porque implica que muchas, muchísimas especies de dinosaurios ya se habían extinguido a lo largo del Mesozoico. Y popularmente, al hablar de «la extinción de los dinosaurios» se da por hecho que todas las especies desaparecieron a la vez. Pero no, muchas especies habían desaparecido mucho antes. ¡Pero esto no es nada raro, ha pasado durante toda la historia de la vida, a lo largo de muchas eras y periodos!

Y es que solemos asociar las extinciones a hechos catastróficos que rompen con el equilibrio natural. Pero no hace falta que ocurra una catástrofe para que una especie —o varias— se extingan. Una extinción es por definición la desaparición de una especie, y esta desaparición puede ocurrir por muchos factores. Una especie puede llegar a desaparecer con el tiempo por diversas razones, como la llegada de otras especies más eficientes que ella, o la desaparición de otra especie de la que se alimentan, sin dejar descendencia alguna. A este caso se le conoce como «extinción de fondo». Y ha sido muy frecuente a lo largo de la historia de la vida en la Tierra. Por el contrario, hay extinciones masivas, que suelen coincidir con grandes catástrofes o con grandes cambios ambientales. En estos eventos de extinción desaparecen especies o incluso familias enteras de diferentes grupos de seres vivos. Estas extinciones son conocidas como «extinciones en masa».

Del mismo modo que el vacío dejado por una extinción de fondo puede ser llenado por otra especie, tras una extinción en masa quedan muchos nichos vacíos. Así, tras uno de estos eventos, las faunas supervivientes sufren una radiación adaptativa y forman nuevas comunidades. De ese modo, podemos ver faunas y floras diferentes antes y después de un evento de extinción masiva. ¡Y así es como las identificamos en el registro fósil!

A finales del Cretácico tuvo lugar la quinta extinción en masa, la que acabó con la mayoría de dinosaurios. ¿Qué les pasó para que se extinguieran? Durante mucho tiempo hubo muchas teorías, cada cual más especulativa. Algunas eran causas internas, mientras que otras causas propuestas para su desaparición eran externas. Entre las causas internas más populares estuvo la «senilidad racial», que venía a proponer que hacia finales del Cretácico los dinosaurios daban señales de falta de «vigor genético», volviéndose, de alguna manera, aberrantes. Entre los rasgos que se señalaban para proponer esta hipótesis estaba el tamaño gigantesco, la pérdida de dientes o el desarrollo de estructuras muy llamativas en sus cabezas. Ni que decir que estos rasgos no tienen nada que ver con semejante propuesta: las estructuras en la cabeza de muchos dinosaurios de finales del Cretácico, como las golas o cuernos de ceratopsios, tenían muy probablemente una función defensiva a la par que social; la pérdida de dientes en muchos linajes de dinosaurios está relacionada con el desarrollo de un pico, como adaptación a un cambio de dieta (y, de hecho, muchos dinosaurios desarrollaron pico a la par que modificaron sus dientes, dando lugar a baterías dentales que les permitirían una capacidad de masticación posiblemente tan eficiente como la que tenemos los mamíferos). Respecto al tamaño gigante, no fueron los últimos dinosaurios los de mayor tamaño que se han encontrado hasta ahora.

Como ya hemos apuntado, existieron multitud de hipótesis para explicar su desaparición mediante causas externas muy variadas. Algunas estaban relacionadas con el clima, como una subida de temperaturas que no pudieron soportar. Estas explicaciones suelen estar en consonancia con la vieja concepción obsoleta de los dinosaurios. Otras causas apuntan a otras especies como causantes de su declive, como una plaga de orugas que acabase con el alimento de los dinosaurios herbívoros, o la proliferación de mamíferos que se alimentarían de sus huevos y crías.

Son especialmente populares las causas debidas a fenómenos astronómicos, como un aumento en las llamaradas solares o la radiación procedente de una supernova cercana —la explosión de una estrella—.

La respuesta definitiva al enigma de su extinción vino a finales de la década de 1970. Un equipo multidisciplinar de la Universidad de California estaba tratando de datar el límite entre el Cretácico y el Paleógeno (que se suele abreviar como K-Pg, anteriormente K-T por Terciario). Para tal misión estaban midiendo la abundancia de iridio, un elemento muy poco abundante en la superficie terrestre, que suele llegar en los meteoritos que constantemente entran en la atmósfera terrestre. Sin embargo, encontraron una abundancia de este elemento fuera de lo común. Pero esta abundancia de iridio no era una anomalía local: se buscó y se encontró en el límite Cretácico-Paleógeno a lo largo y ancho del globo. ¡Estaba por todas partes!

El físico Luis W. Álvarez (1911-1988), uno de los principales investigadores de este equipo, propuso que la explicación más plausible era que este iridio procediera de un enorme asteroide que habría impactado en la Tierra hace 66 millones de años, liberando una nube de polvo que habría viajado por todo el planeta, cubriendo la atmósfera para después depositarse. Y claro, un evento catastrófico como este es más que capaz de provocar una extinción en masa, como la de los dinosaurios y demás formas de vida que desaparecieron a finales del Cretácico. Utilizando estimaciones de la cantidad total de iridio en el límite Cretácico-Paleógeno, y asumiendo que el asteroide contenía el porcentaje normal de iridio que se encuentra en las condritas —un tipo de asteroide muy común—, el equipo de Álvarez hizo una estimación del tamaño del asteroide. El resultado fue de alrededor de 10 kilómetros de diámetro. Un impacto de un objeto tan grande habría tenido aproximadamente la energía de 100 millones de megatones, es decir, aproximadamente 2 millones de veces más grande que la bomba termonuclear más poderosa jamás probada.

Claro que, si esto hubiera pasado, deberíamos poder encontrar un cráter de gran tamaño con esa antigüedad, ¿no es así? En 1978, los geofísicos Glen Penfield y Antonio Camargo se encontraban trabajando para la compañía petrolera estatal mexicana Pemex, realizando un estudio magnético del golfo de México al norte de la península de Yucatán. El trabajo de Penfield consistía en utilizar datos geofísicos para buscar posibles ubicaciones para la perforación petrolera. Lo que detectaron sus datos magnéticos fue una enorme estructura circular de 180 kilómetros de diámetro y 20 kilómetros de profundidad enterrada bajo el lecho marino: un enorme cráter de hace 66 millones de años. Este tamaño, además, era congruente con las estimaciones del equipo de Álvarez respecto al tamaño del asteroide. A este cráter se le dio el nombre de la población mexicana donde se encontró: Chicxulub.

Luis W. Álvarez y Walter Álvarez en el límite K-Pg del área de Gubbio (Italia). [Lawrence Berkeley Laboratory]

Tras esto, tras la demostración de al menos una de las grandes extinciones debida a causas extraterrestres, las miradas se pusieron en el espacio. De hecho, ha habido propuestas de explicar una posible periodicidad de las extinciones.

Por ejemplo, está la hipótesis Shiva, un modelo que toma el nombre del dios de la destrucción hindú y que fue propuesto por Michael Rampino, de la Universidad de Nueva York. Según esta idea, las extinciones masivas se producirían cíclicamente, debido al movimiento del sistema solar al cruzar el plano medio galáctico cada aproximadamente 30 millones de años. Esto causaría una mayor inestabilidad en la nube de Oort —una capa o corteza gigantesca de rocas y cuerpos de hielo de muy distinto tamaño y que no se conoce demasiado bien— y en el cinturón de Kuiper —una versión gigante de un cinturón de asteroides, que se extiende desde la órbita de Neptuno (a unas 30 unidades astronómicas) hasta aproximadamente 50 unidades astronómicas (UA) del Sol—. Esta desestabilización resultaría en el lanzamiento de asteroides y cometas hacia el interior del sistema solar, aumentando las probabilidades de un impacto meteorítico en la Tierra, y contribuyendo así a las extinciones en masa. Y algo parecido propone la hipótesis Némesis, una hipótesis propuesta por tres físicos, Muller, Hut y Davis, en 1984 dentro de un artículo en *Nature*. Estos investigadores fantasean con la idea de que nuestro Sol tenga una hermana acompañante y realmente sea un sistema doble. Se trataría de una estrella oscura y pequeña, quizá una enana marrón, con una órbita mayor que la de Plutón, una estrella hipotética a la que llamaron Némesis y que sería la responsable de alterar la nube de Oort y lanzarnos la lluvia de cometas.

Un *Tyrannosaurus rex* asiste al impacto del asteroide en el área que hoy es la península de Yucatán, hiriendo de muerte al Mesozoico. [Imagen del autor]

Recientemente, mi colega Javi Santaolalla, físico de partículas, me estuvo hablando de una hipótesis muy arriesgada y altamente especulativa propuesta por la física Lisa Randall en su libro *Dark Matter and the Dinosaurs: The Astounding Interconnectedness of the Universe* (2015), que de alguna manera relacionaba materia oscura con la periodicidad de las extinciones. La Tierra gira con el Sol alrededor de la Vía Láctea. Pero no lo hace como la Tierra gira alrededor del Sol, de forma uniforme, sino más bien como un caballito en un tiovivo, subiendo y bajando, haciendo que cruce de forma periódica el plano galáctico. Ahora, casualmente, este periodo de cruce coincide más o menos, con estas extinciones masivas. Por lo que surge la pregunta: ¿habrá algo en ese plano galáctico que desestabilice el sistema solar? Es muy interesante esta cuestión por dos cosas. El sistema solar está rodeado por la nube de Oort, muy sensible a tirones gravitacionales. La segunda cuestión interesante es que hay modelos de materia oscura que predicen no una distribución esférica, que es lo que normalmente se propone, sino en forma de disco plano. Según este modelo, la Tierra de forma periódica atraviesa este disco de materia oscura que produce como único efecto una pequeña distorsión gravitatoria, un empuje ligero. Ese empuje ligero podría desestabilizar la órbita circular de muchas de las rocas de la nube de Oort, haciendo que un gran número de ellas cambien de trayectoria y se precipiten hacia el interior del sistema solar. Sería una lluvia brutal de meteoritos. En esas condiciones, la probabilidad de que una roca choque con la tierra se multiplica, haciendo mucho más plausible este evento potencialmente causante de extinciones.

Una causa que se había propuesto para la extinción de los dinosaurios era una intensa actividad volcánica, basada en los enormes depósitos de lavas basálticas en la región del Deccan en la India, con una edad coincidente. ¿Podrían estas erupciones volcánicas masivas haber sido las causantes del inicio de la extinción, a la que se unió el meteorito posteriormente? ¿Y si los dinosaurios ya estaban en las últimas debido a la intensa actividad volcánica antes del impacto? En un reciente estudio de 2019 de la Universidad de California se dataron las erupciones en la India de la manera más precisa hasta ahora, detectando tres picos de actividad. Si bien hubo un primer pico de actividad anterior al impacto, las erupciones alcanzaron su punto máximo tras la caída del meteorito. Actualmente, se considera seriamente la posibilidad de que el impacto reactivase y encrudeciese esta actividad volcánica, con lo cual las condiciones se endurecerían mucho más por su acción combinada.

A pesar de las evidencias del impacto y sus efectos globales, todavía se han levantado muchas voces que replicaban que los dinosaurios ya estaban en decadencia cuando llegó el meteorito, que consideran que fue únicamente un remate. Incluso hay quien se ha aventurado a decir que prácticamente no quedaban dinosaurios cuando el meteorito llegó. Y es que, por lo visto, los dinosaurios dejan de abundar en las rocas del Cretácico unos metros antes de encontrarnos con el límite K-Pg (Cretácico-Paleógeno).

Para poder contrastar estas ideas, hay que acudir a una serie de estudios recientemente publicados por mi colega Alessandro Chiarenza del Imperial College de Londres y sus colaboradores en 2019. En este estudio recopilaron información de los fósiles y las condiciones de sedimentación en yacimientos y afloramientos de los dos últimos pisos o subdivisiones del Cretácico, llamados Campaniense y Maastrichtiense. Tras aplicar una metodología ampliamente aplicada en ecología actual, el «modelado de nichos ecológicos». Con esta metodología, buscaron relacionar la diversidad de dinosaurios con las condiciones ambientales durante ese periodo de tiempo, para ver si estas condiciones (y, con ellas, sus hábitats) estaban cambiando, pudiendo estar causando una caída en la variedad de estos animales. Gracias a este modelado, reconstruyeron las condiciones de los últimos millones de años previos al impacto, y no encontraron ninguna reducción de condiciones y potenciales hábitats de dinosaurios, por lo que *a priori* no había causas para su extinción hasta la llegada del meteorito. En este estudio encontraron la explicación para la menor abundancia de registro fósil de dinosaurios en esos últimos millones de años: los ambientes sedimentarios más propensos para la conservación de sus huesos sí que se ven reducidos hacia finales del Cretácico. Por lo tanto, la menor abundancia de fósiles de dinosaurios hacia finales del Maastrichtiense puede ser explicada como un artefacto o sesgo del registro geológico. Todo apunta a que los dinosaurios estaban bien, solo que las condiciones de fosilización no eran tan apropiadas entonces.

A este estudio se suma el recientemente descubierto yacimiento de Tanis en Dakota del Norte, y perteneciente a la Formación Hell Creek, publicado en 2019 por el paleontólogo Robert DePalma y sus colaboradores, entre los que se encuentra Walter Álvarez, el hijo de Luis Álvarez. Un yacimiento muy sorprendente que posee evidencias de haberse formado durante el propio impacto, y que pudo tener su origen en la acumulación de materiales arrastrados por un tsunami o maremoto justo provocado por el impacto: incluye esférulas de vidrio (formadas por el enfriamiento rápido de material incandescente), posee minerales afectados y, sobre todo, iridio. Entre los fósiles encontrados en este yacimiento, hay troncos de árboles, peces, plumas de dinosaurios, algún hueso de mamífero y hasta huesos de ceratopsio (incluyendo un hueso de la cadera con impresiones de piel), aportando información de qué animales se encontraban viviendo en las cercanías cuando dicho impacto tuvo lugar. Si bien este yacimiento lleva excavándose desde 2012, todavía no se han publicado la mayoría de sus hallazgos, y los autores pueden estar reservándonos muchas sorpresas. A la interpretación de este yacimiento se la ha denominado «el último día de los dinosaurios», o incluso «el primer día del Cenozoico», dado que se interpreta de una manera un tanto arriesgada que la acumulación de materiales tuvo lugar en un corto periodo de tiempo justo tras el impacto. Si se confirma, podría ser una evidencia sólida de la supervivencia de dinosaurios —y de los ecosistemas cretácicos al completo— hasta el mismo momento del impacto.

DESCUBRIMIENTOS QUE CAMBIARON NUESTRA IMAGEN DE LOS DINOSAURIOS

DINOSAURIOS CERCA DE CASA

Cuando empiezas a relatar la historia de los hallazgos e investigación de los dinosaurios, llega un momento en que te sobrecoge la velocidad a la que se realizan hallazgos. En concreto, a mediados del siglo XX empezaron a haber tantos equipos trabajando simultáneamente que es inevitable perder la pista de todas las investigaciones. Si os interesa un relato detallado de cada principal descubrimiento, os recomiendo que leáis *Cazadores de Dragones* de José Luis Sanz y luego busquéis los artículos de los principales investigadores. Y desde aquí ya me disculpo por no poder incluir cada descubrimiento. ¡Lo siento, es que hay tantos! No obstante, en este capítulo quiero recopilar algunos descubrimientos que, a mi parecer, nos han ayudado a cambiar la imagen clásica de la paleontología de los dinosaurios y la imagen misma de los dinosaurios.

Si algo nos ha enseñado la segunda mitad del siglo XX es que hay dinosaurios en muchos más lugares de los que pensábamos. Tradicionalmente, asociamos el hallazgo de dinosaurios con lugares remotos, como el desierto de Gobi, Tanzania o las grandes extensiones del oeste norteamericano. Nos cuesta imaginar dinosaurios cerca de casa, en lugares cercanos y familiares. Esto tiene una causa muy clara: la paleontología empresarial de EE. UU., las grandes expediciones de sus museos y las excavaciones de la paleontología imperial en las colonias han sido muy mediáticas. Son relatos de aventuras en lugares exóticos. Y esa luz brillante puede que haya eclipsado hallazgos cercanos que distan mucho de ser menores. Y por otro lado, en algunos lugares la paleontología de dinosaurios tardó un tiempo en desarrollarse. Es el caso, por ejemplo, de España, donde, pese a unos primeros hallazgos prometedores, la irrupción de la Guerra Civil y la dictadura franquista pusieron en pausa todas las investigaciones naturalistas, que tardaron en recuperarse de ese parón. Sin embargo, nos hemos puesto al día. Y países que nunca han sido especialmente conocidos por sus dinosaurios, como Argentina, han puesto las cartas sobre la mesa. ¡Y vaya cartas!

Los primeros fósiles de dinosaurios argentinos encontrados datan de 1882, cerca de Neuquén, y fueron estudiados por Florentino Ameghino (1854-1911), padre de la paleontología argentina. Con un contemporáneo suyo, Francisco «Perito» Moreno (1852-1919), tuvo en principio una relación cordial, que luego se tornó en rivalidad al más puro estilo «guerra de los Huesos». Pero, a diferencia de sus homólogos norteamericanos, en 1904 Ameghino y Moreno hicieron las paces. Lamentablemente, los dos únicos dinosaurios descritos por Ameghino estaban formados por material muy fragmentario y se consideran nombres dudosos a día de hoy. Los siguientes estudios de dinosaurios argentinos tuvieron firmantes extranjeros, como los británicos Richard Lydekker (1849-1915) y Arthur Smith Woodward (1864-1944), o el alemán Von Huene.

Interior del Museo Municipal Carmen Funes en Plaza Huincul (Neuquén, Argentina) donde podemos apreciar las reconstrucciones de los impresionantes *Argentinosaurus* y *Giganotosaurus*.

Todo cambió con la llegada de José Fernando Bonaparte (1928-2020). Si bien participó en la excavación del primer ejemplar de *Herrerasaurus* («lagarto dedicado a Victorino Herrera», su descubridor), que fue publicado por Osvaldo A. Reig (1929-1992) en 1963, a punto de empezar los años 70 tomó las riendas de sus propias excavaciones y proyectos. Describió en 1969 el prosaurópodo *Riojasaurus* («lagarto de La Rioja»). Publicó en 1979 el dinosaurio sauropodomorfo del Triásico *Mussaurus* («lagarto ratón») junto con Martin Vince. Describió el saurópodo del Jurásico medio *Patagosaurus* («lagarto de la Patagonia») en 1979, así como un terópodo primitivo también del Jurásico llamado *Piatnitzkysaurus* («lagarto dedicado a Alejandro Piatnitzky»). Junto con Fernando Novas, uno de tantos paleontólogos que se formaron a su lado, publicó el dinosaurio terópodo *Abelisaurus* («lagarto dedicado a Roberto Abel», su descubridor) en 1985, que además dio el nombre a un nuevo grupo de dinosaurios terópodos del Cretácico. También era un abelisaurio el extraño *Carnotaurus* («toro carnívoro»), con su hocico corto y sus cuernos encima de los ojos, que describió en 1985. En 1991, publicó junto con Leonardo Salgado el curioso saurópodo *Amargasaurus* («lagarto de La Amarga»), caracterizado por sus largas espinas en las vértebras del cuello. Y aunque no fue autor, sí que fue uno de los coordinadores, junto con Andrea Arcucci y Paul Sereno, de la primera expedición conjunta de paleontólogos de la Universidad de Chicago, el Museo de Ciencias Naturales de la Universidad de San Juan y el Museo Bernardino Rivadavia. En la segunda expedición, de la que ya no formó parte Bonaparte, se descubrió el dinosaurio primitivo *Eoraptor* («ladrón del amanecer»), descrito en 1993 por Paul Sereno y sus colegas. Ese mismo año, Bonaparte y Rodolfo Coria describieron el gigantesco saurópodo titanosaurio *Argentinosaurus*, que ostenta el título de mayor dinosaurio que ha existido nunca. Bueno, para ser justos, este título parece que se lo están disputando *Argentinosaurus* y *Patagotitan*, otro titanosaurio descrito por mi colega José Carballido y sus compañeros en 2017. Lamentablemente, no tenemos un esqueleto completo ni casi completo de ninguno de los dos, y todo lo que podemos es comparar huesos sueltos o hacer estimaciones (que rondan los casi 40 metros de largo y más de 60 toneladas). A los gigantes se les unió un superdepredador, el carcarodontosaurio *Giganotosaurus*, descrito por Rodolfo Coria y Leonardo Salgado en 1995.

Por si esto no fuera ya impresionante, no solo de dinosaurios gigantes o extraños vive la paleontología argentina: en 1997, los paleontólogos Luis M. Chiappe y Rodolfo Coria encontraron una enorme extensión de tierra en la provincia de Neuquén cubierta de huevos de dinosaurios saurópodos. Se pudo incluso comprobar que sus productores eran saurópodos titanosaurios por el hallazgo de huesos fósiles de embriones en estos huevos. Esto es verdaderamente excepcional y, sin lugar a dudas, un sueño hecho realidad para cualquier paleontólogo de dinosaurios.

En el caso de España, los estudios de dinosaurios empezaron tarde en comparación con el resto de Europa. La primera cita acerca del hallazgo de restos fósiles de dinosaurio en nuestro país data de 1873, cuando el primer catedrático de Paleontología, D. Juan Vilanova i Piera (1821-1893), publicó el hallazgo de dientes de *Iguanodon* en Morella (Castellón) y Utrillas (Teruel). Ya fue en el siglo XX cuando se produjo un gran impulso para la paleontología de dinosaurios en España. En la década de 1910, continuaron los hallazgos, esta vez de la mano del paleontólogo castellonense José Royo y Gómez (1895-1961). Entre sus méritos más reseñables no solo están sus hallazgos. Por ejemplo, Royo fue responsable de crear la Sala de Paleontología del Museo Nacional de Ciencias Naturales de Madrid. Aunque, por motivo de la Guerra Civil, el estudio de la paleontología española quedó en pausa y le costó arrancar de nuevo, para los años 70 y 80 del pasado siglo XX la paleontología española estaba lista para ponerse al día. A día de hoy, los hallazgos de dinosaurios y otros vertebrados mesozoicos en España han resultado ser de enorme importancia, y los días en que sus faunas parecían ser humildes o discretas frente a las descritas en otros países han quedado atrás. El registro español de dinosaurios ha revelado representantes de casi todos los grandes grupos de dinosaurios: ornitísquios (ornitópodos y tireóforos) y saurísquios (terópodos y saurópodos).

José Royo y Gómez. [Fuente desconocida]

La provincia de Teruel es quizá el mejor ejemplo del impulso de la paleontología española en las últimas décadas, ya que fue en esta región donde esta nueva era comenzó cuando, a finales de la década de 1980, se encontraron en la localidad de Galve los huesos del primer dinosaurio definido en España, *Aragosaurus ischiaticus*, descrito por José Luis Sanz, Ángela D. Buscalioni, Lourdes Casanovas y José Vicente Santafé (1934-2017) en 1987.

Juan Vilanova y Piera [Fuente desconocida]

Desde entonces, en la provincia se han encontrado numerosos restos, muchos pertenecientes al Jurásico superior, de hace entre 160 y 145 millones de años. Entre ellos destaca otra nueva especie, *Turiasaurus riodevensis*, del que se calcula que pudo ser el dinosaurio más grande de Europa, con 30 metros de largo y entre 20 y 40 toneladas de peso. Este gigante fue descrito en 2006 por Rafael Royo-Torres, Alberto Cobos y Luis Alcalá, del equipo de la Fundación Conjunto Paleontológico de Teruel en Dinópolis, institución en la que realicé mi tesis doctoral, un estudio paleobiológico de *Turiasaurus*. De la misma edad es el saurópodo *Galvesaurus herreroi*, estudiado y descrito por varios miembros del equipo de investigación Aragosaurus de la Universidad de Zaragoza, José Luis Barco, José Ignacio Canudo, Gloria Cuenca-Bescós y José Ignacio Ruiz-Omeñaca en 2005. Este dinosaurio lamentablemente ha sido descrito dos veces, siendo la segunda en un artículo firmado por Bárbara Sánchez-Hernández, a pesar de que el espécimen era el principal objeto de estudio de la tesis doctoral de José Luis Barco desde 1993.

El Cretácico inferior queda muy bien representado con los yacimientos de Galve asociados a sus minas de arcilla, donde se han descrito dinosaurios como *Iguanodon galvensis* (descrito por mi colega Francisco Javier Verdú y el equipo de Dinópolis), o las minas de carbón de Ariño, donde se han descrito dinosaurios como el iguanodontio *Proa valdearinoensis* o el anquilosaurio nodosáurido *Europelta carbonensis* por parte de una colaboración entre el equipo de la mina, de la Fundación Conjunto Paleontológico de Teruel y de la Universidad de Utah. En los Pirineos encontramos una representación de los últimos dinosaurios del Cretácico superior, como en la localidad de Arén, donde Xabier Pereda-Suberbiola y su equipo describieron en 2009 el hadrosaurio *Arenysaurus ardevoli* («lagarto de Arén dedicado a Lluís Ardèvol»), o el *Blasisaurus canudoi* («lagarto de Blasi dedicado a José Ignacio Canudo»), descrito en 2010 por mi colega Penélope Cruzado-Caballero y su equipo de colaboradores.

El registro levantino de dinosaurios incluye dinosaurios de un amplio rango temporal. Por ejemplo, tenemos dinosaurios de finales del Jurásico, como es el caso de *Losillasaurus giganteus* («lagarto gigante de Losilla de Aras»), descrito en 2001 por Lourdes Casanovas, José Vicente Santafé y José Luis Sanz, dinosaurio que tuve el placer de estudiar en mis primeros años de carrera investigadora y que formó una pequeña parte de mi tesis doctoral.

Algunos de los huesos del Losillasaurus hallado en 1989 en Losilla de Aras (Valencia) en su exhibición en el Museo de Ciencias Naturales de Valencia.

Tiempo después, en 2020 se describió un nuevo ejemplar de esta especie hallado en Riodeva, Teruel, por parte del equipo de la Fundación Dinópolis. En cuanto al Cretácico inferior, destacan los hallazgos en la localidad clásica de Morella, donde se han descrito dinosaurios únicos, como el iguanodontio *Morelladon beltrani* («diente de Morella dedicado a Beltrán»), publicado por mis colegas José Miguel Gasulla, Fernando Escaso, Iván Narváez, Francisco Ortega y José Luis Sanz en 2015, o el *Vallibonavenatrix cani* («cazadora de Vallibona dedicado a Juan Cano»), un espinosaurio publicado en 2019 por Elisabete Malafaia, José Miguel Gasulla, Fernando Escaso, Iván Narváez, José Luis Sanz y Francisco Ortega. El Cretácico superior está representado por *Pararhabdodon isonensis* («similar a *Rhabdodon* hallado en Isona»), un hadrosaurio descrito en 1993 por Lourdes Casanovas, José Vicente Santafé y A. Isidro-Llorens.

Reconstrucción de Lohuecotitan, un saurópodo titanosaurio del yacimiento de Lo Hueco. [Imagen del autor]

Cuenca es, junto con Teruel, la provincia donde hasta ahora se han realizado los descubrimientos de mayor trascendencia internacional, por la presencia de dos yacimientos excepcionales en la zona: Las Hoyas y Lo Hueco. Ambos yacimientos siguen siendo muy estudiados y siguen revelando información muy valiosa sobre dos momentos de la historia de los dinosaurios: Las Hoyas es un yacimiento del Cretácico inferior (entre hace 145 y 99 millones de años), y Lo Hueco, del Cretácico superior (entre hace 90 y 70 millones de años).

Un *Iberomesornis* sobrevuela a un joven *Concavenator* vadeando la orilla de la laguna que formará millones de años más tarde el yacimiento paleontológico de Las Hoyas. [Imagen del autor]

En el yacimiento de conservación excepcional de Las Hoyas se han encontrado dinosaurios de gran relevancia. Destacan, por ejemplo, las aves primitivas *Eoalulavis hoyasi* («ave con álula verdadera de Las Hoyas»), descrita por José Luis Sanz y sus colaboradores del equipo de La Hoyas en 1996; *Iberomesornis romerali* («ave media ibérica dedicada a Romeral»), descrita en 1992 por Sanz y Bonaparte, y *Concornis lacustris* («pájaro lacustre de Cuenca»), publicado por José Luis Sanz y Ángela Delgado Buscalioni en 1992. De este mismo yacimiento procede el ornitomimosaurio *Pelecanimimus polyodon* («imitador de pelícanos con muchos dientes»), descrito por B. P. Pérez-Moreno y sus colaboradores en 1994, así como el carcarodontosaurio *Concavenator corcovatus* («cazador jorobado de Cuenca»), publicado en 2010 por Francisco Ortega, Fernando Escaso y José Luis Sanz, y estudiado en profundidad por mi buena amiga Elena Cuesta.

El yacimiento finicretácico de Lo Hueco se encontró durante las obras de construcción del ferrocarril de alta velocidad entre Madrid y Valencia, a la altura de la población de Fuentes. Durante meses, decenas de paleontólogos trabajaron en la excavación de miles de fósiles que a día de hoy no se han terminado de preparar y estudiar, y que seguro que aguardan muchas sorpresas. Por ahora, se ha descrito en este yacimiento un titanosaurio,

Escena de finales del Jurásico del área que hoy ocupan Riodeva (Teruel) y Los Serranos (Valencia) con un pequeño grupo de Turiasaurios y estegosaurios.

Lohuecotitan pandafilandi («gigante de Lo Hueco dedicado a Pandafilando»), publicado por Verónica Díez Díaz y colaboradores en 2016.

La mitad norte de la Península es también un área muy rica en hallazgos paleontológicos. En regiones como Soria, La Rioja, Burgos o el Condado de Treviño se han encontrado importantes fósiles de dinosaurio de importancia mundial. Además, en Asturias se extiende la llamada «costa de los dinosaurios», con importantes yacimientos, sobre todo de huellas, pero también de huesos fósiles, principalmente del periodo Jurásico. Los restos fósiles de todas estas regiones

Reconstrucción de *Europatitan eastwoodi* y *Demandasaurus darwini*, dos dinosaurios saurópodos definidos a partir de material fósil encontrado en los yacimientos del área de Salas de los Infantes. [Imagen del autor]

EUROPATITAN EASTWOODI

abarcan desde el Jurásico hasta el Cretácico superior. Cabe destacar los hallazgos de *Lirainosaurus astibiae* («lagarto esbelto dedicado a Humberto Astibia»), un titanosaurio del Cretácico superior descrito en 1999 por José Luis Sanz y colaboradores a partir de un esqueleto parcial encontrado en el yacimiento de Laño, en Condado de Treviño. El rebaquisaurio del Cretácico inferior *Demandasaurus darwini* («lagarto de la sierra de la Demanda dedicado a Charles Darwin») fue publicado en 2011 por nuestro colega Fidel Torcida Fernández-Baldor y colaboradores a partir de un esqueleto parcialmente completo encontrado en la localidad

DEMANDASAURUS DARWINI

de Salas de los Infantes, en Burgos. De esta misma localidad y edad procede *Europatitan eastwoodi* («gigante europeo dedicado a Clint Eastwood»), un titanosauriforme publicado en 2017 también por Fidel Torcida Fernández-Baldor y sus colaboradores. También en la provincia de Soria se han descrito nuevas especies de dinosaurios, como el ornitópodo *Magnamanus soriaensis* («gran mano hallada en Soria») o el titanosauriforme *Soriatitan golmayensis* («gigante de Soria hallado en Golmayo»), estudiados y publicados en 2016 y 2017, respectivamente, por la familia Meijide, junto con Rafael Royo-Torres en el caso del saurópodo.

Así mismo, nuestro país vecino y hermano, Portugal, ha sido lugar de grandes hallazgos de dinosaurios en el último siglo, a destacar sus faunas jurásicas, entre las que sobresalen los terópodos *Allosaurus europaeus*, descrito por Octavio Mateus, Aart Walen y Miguel Telles Antunes en 2006, y *Lourinhanosaurus antunesi*, publicado por Mateus en 1998; los saurópodos *Lusotitan atalaiensis*, descrito por Antunes y Mateus en 2003; *Lourinhasaurus alenquerensis*, publicado por Pedro Dantas y sus colaboradores en 1998, y *Zby atlanticus*, descrito por Octavio Mateus, Phil Mannion y Paul Upchurch en 2014, y el estegosaurio *Miragaia longicollum*, publicado por Mateus y sus colaboradores en 2009.

ANTIGUOS MISTERIOS, RESUELTOS

En los últimos años hemos asistido al cambio de imagen de muchos dinosaurios, pero ha sido especialmente llamativo el caso de dinosaurios que conocíamos a partir de material fósil fragmentario excepcional, que han revelado que su anatomía completa era todavía más excepcional.

Recordaréis aquella época de paleontología colonial, con las expediciones alemanas a África, ¿verdad? En aquellas expediciones se recuperaron los primeros restos del terópodo *Spinosaurus*, descrito por el paleontólogo alemán Stromer en 1914. Aquellos restos fragmentarios consistían en un fragmento de mandíbula, unas pocas vértebras con espinas alargadas y algún hueso suelto. Un esqueleto muy parcial que además, recordemos, se perdió para siempre junto con los demás dinosaurios egipcios de Stromer en los bombardeos de la Segunda Guerra Mundial. La primera reconstrucción de *Spinosaurus* era muy genérica, un dinosaurio terópodo cualquiera —literalmente podía ser un *Allosaurus* o un *Megalosaurus*— con una vela en la espalda, formada por las espinas altas de sus vértebras. Durante 70 años, la imagen de *Spinosaurus* fue esa. Recuerdo incluso tener juguetes de este terópodo con ese aspecto.

El paleontólogo español José Luis Sanz en el Museo del Jurásico de Asturias (España), junto a una réplica del esqueleto de un Dromaeosaurus. [Dinomanía2020/WikimediaCommons]

Reconstrucción de *Spinosaurus* actualizada a fecha de cierre de este libro. Pero quién sabe, quizá desde entonces haya aparecido un esqueleto completo y quede obsoleta. [Imagen del autor]

En 1983, el coleccionista aficionado de fósiles William J. Walker exploraba un pozo de arcilla en Surrey, Inglaterra, cuando descubrió una gran garra, una falange de un dedo y parte de una costilla. Más tarde, el yerno de Walker llevó la garra al Museo de Historia Natural de Londres, donde fue examinada por los paleontólogos británicos Alan J. Charig y Angela C. Milner, quienes la identificaron como perteneciente a un dinosaurio terópodo. Los paleontólogos volvieron al yacimiento, donde encontraron más huesos. Un equipo de personal del museo y varios voluntarios excavaron el yacimiento aquel mismo verano. Walker donó la garra al museo, y los propietarios del pozo donaron el resto del esqueleto. En 1986, Charig y Milner nombraron a partir de este esqueleto un nuevo género y especie: *Baryonyx walkeri* («garra pesada en honor a Walker»). Una réplica del esqueleto se encuentra montada desde entonces en el museo. Gracias al estudio de este nuevo dinosaurio y sus semejanzas con el material que había figurado Stromer, se pudo relacionar *Baryonyx* con *Spinosaurus*, dando lugar a una nueva familia, los espinosaurios, a la que se unieron con el tiempo nuevos miembros. En 1997, el paleontólogo norteamericano Paul Sereno y su equipo de la Universidad de Chicago descubrieron en Gadoufaoua, Niger, huesos de un nuevo miembro de esta familia, *Suchomimus*, descrito por Sereno y su equipo en 1998. Tanto *Baryonyx* como *Suchomimus* eran terópodos muy peculiares, con un hocico alargado y dientes cónicos, como los de un cocodrilo, y una garra enorme en las manos. Estando tan cercanamente emparentados con *Spinosaurus*, estas características se usaron para completar el aspecto de aquel misterioso animal. Y es así como llegamos al *Spinosaurus* que todos reconocemos. Una especie de *Baryonyx* muy robusto con una vela en el lomo. Esta imagen de *Spinosaurus* se hizo especialmente popular al aparecer como dinosaurio principal de la película *Jurassic Park III* en 2001.

En 2014, justo 100 años después de la descripción original de Stromer, el paleontólogo alemanomarroquí Nizar Ibrahim y sus colaboradores, entre quienes estaba Paul Sereno, publicaron el hallazgo de nuevos ejemplares de *Spinosaurus* en Marruecos. Estos revelaron que, si bien las reconstrucciones de este dinosaurio no iban desencaminadas, era todavía más extraño: piernas cortas, lomo alargado, brazos largos que posiblemente llegaban al suelo. Su vela parecía tener una morfología irregular —comparada con la media galleta que se pintaba hasta ahora—, y, lo más interesante, posiblemente sea el primer dinosaurio no aviano del que se tienen noticias de cierta adaptación acuática. Las falanges aplanadas de sus pies y su forma alargada así parecían sugerirlo. En 2020, en un nuevo artículo de Ibrahim y su equipo, se describió en detalle la cola de *Spinosaurus*, que presentaba también las espinas alargadas, característica que ellos interpretaron como una adaptación definitiva al nado. Los resultados de estas investigaciones, sobre este extraño *Spinosaurus* alargado y acuático, han sido muy polémicas, pero poco a poco va calando la idea de que este dinosaurio estaba adaptado, al menos, a una vida anfibia. Este caso ilustra perfectamente cómo a partir de pocos hallazgos podemos llegar a proponer el aspecto de un dinosaurio, pero siempre es una mera hipótesis, por mucho que lo hagamos con el mayor rigor. Y con suerte, como en este caso, los nuevos descubrimientos ayudan a ir contrastando estas hipótesis, generando nuevas reconstrucciones cada vez más completas y rigurosas. *Spinosaurus* necesitó de 100 años de hallazgos e investigaciones para revelar su verdadero aspecto. Y no es el único caso de un enigma que tarda décadas en resolverse.

El siguiente caso es la historia de 50 años de investigación científica, de trabajo incansable por parte de los paleontólogos, actuando como detectives y forenses del Cretácico, buscando piezas que permitieran completar el puzle de uno de los dinosaurios más extraños y misteriosos que han existido jamás. Nos tenemos que desplazar hasta el desierto de Gobi, a las expediciones polaco-mongolas que tuvieron lugar a partir de 1960 y que fueron dirigidas por la paleontóloga polaca Zofia Kielan-Jaworowska (1925-2015). En 1965, la jefa de la expedición encontró el primer espécimen de este extraño dinosaurio en la dura roca de la Formación Nemegt: un par de brazos, con sus cinturas escapulares y algunos huesos dispersos. Estos enigmáticos brazos, por su anatomía, eran innegablemente de un dinosaurio terópodo. Pero eran brazos que medían casi dos metros y medio. El equipo de la expedición se pasó tres días excavando el espécimen y cargándolo en uno de sus vehículos. Un informe de 1968 de Kielan-Jaworowska y el naturalista mongol Naydin Dovchin, que resumía los logros de las expediciones, anunció que estos fósiles podrían pertenecer probablemente a una nueva familia de dinosaurios terópodos. En 1970, Halszka Osmolska y Ewa Roniewicz publicaron el espécimen holotipo, que incluía ambas extremidades anteriores, excluyendo las garras de la mano derecha, la cintura escapular completa, el centro de tres vértebras dorsales, cinco costillas y costillas gastrales. Lo denominaron *Deinocheirus mirificus* (que significa «mano terrible y peculiar»). La escasez de restos conocidos de *Deinocheirus* impidió conocer más detalles sobre este animal, ni su clasificación correcta, ni su aspecto, durante casi medio siglo. La literatura científica lo describió a menudo como uno de los dinosaurios más «enigmáticos», «misteriosos» y «extraños», y se fueron proponiendo varias hipótesis. Osmólska y Roniewicz en su descripción original consideraron que no pertenecía a ninguna familia de terópodos conocida, por lo que crearon una nueva familia monotípica, *Deinocheiridae*, aunque la ubicaron junto a los «carnosaurios», los grandes dinosaurios terópodos por su gran tamaño y el grosor de sus huesos de las extremidades, aunque señalaron algunas similitudes con los ornitomimosaurios, grupo al que pertenece, por ejemplo, *Gallimimus*. Fue John Ostrom quien propuso por primera vez que *Deinocheirus* pertenecería al grupo *Ornithomimosauria*. En 1976, el paleontólogo mongol Rinchen Barsbold creó el grupo *Deinocheirosauria*, que debía incluir los géneros que consideraba emparentados *Deinocheirus* y *Therizinosaurus*, ambos poseedores de grandes manos con garras. Algunos autores apoyaron esta estrecha relación entre *Deinocheirus* y los terizinosaurios de brazos largos, pero en la actualidad se ha desechado esta propuesta. En 2004 se propuso que *Deinocheirus* probablemente fuese un ornitomimosaurio primitivo, ya que carecía de algunas de las características típicas de la familia *Ornithomimidae*, que incluye a los típicos ornitomimosaurios. Todavía recuerdo ver en libros y en aquellos míticos fascículos una silueta de un ornitomimosaurio escalada al tamaño de sus brazos. ¡Era escalofriante! A finales de la primera década de los 2000, los gigantescos brazos del holotipo se unieron a una exposición itinerante de fósiles de dinosaurios mongoles, recorriendo varios países, entre ellos, España. Recuerdo perfectamente lo impresionantes que resultaban aquellos brazos en la exposición cuando fui a visitarla al Cosmocaixa con mis amigos Adriana Oliver y Adán Pérez, ambos también paleontólogos de vertebrados.

En 2013, como cada año, la Sociedad de Paleontología de Vertebrados (SVP) se disponía a celebrar su reunión anual, en la cual los paleontólogos presentaban las novedades de sus investigaciones y debatían en torno a ellas. Pero no iba a ser una edición más de esta reunión. Nada más publicarse el programa de charlas y sus resúmenes, se prendió la mecha, y la noticia ardió como pólvora por los círculos científicos y por internet: se habían encontrado nuevos especímenes de *Deinocheirus*. El misterio estaba más cerca que nunca de ser resuelto. Los paleontólogos Lee, Barsbold, Currie y sus colegas anunciaron el descubrimiento de no un nuevo espécimen, sino dos, durante este congreso. Tras la presentación de estos dos especímenes, saltó la alarma de que un cráneo muy extraño, expoliado de yacimientos de la cuenca de Nemegt en el Gobi, había llegado a una colección privada en Europa. Un comerciante de fósiles francés los localizó y los adquirió para luego donarlos al Real Instituto Belga de Ciencias Naturales. Este material expoliado consistía en un cráneo, una mano izquierda y un pie, que no solo se ajustaban perfectamente con lo que ahora se sabía de *Deinocheirus*, los elementos pertenecían a un individuo del mismo tamaño sin repetición de elementos esqueléticos. Y además, literalmente, encajaban con uno de los especímenes presentados en la SVP. El único hueso de un dedo del pie se acoplaba perfectamente en la matriz no preparada de un pie del ejemplar; el hueso y la matriz coincidían en color. El esqueleto fue completado y depositado en el Museo Central de Dinosaurios Mongoles en Ulán Bator. Finalmente, en 2014 se publicó el hallazgo. Entre el material clásico y los huevos de especímenes recuperados, por fin teníamos representado el esqueleto de *Deinocheirus* al completo. Y no decepcionó: se trata de uno de los dinosaurios más extraños que han existido. Aunque posiblemente ya no cause pesadillas a nadie. El conocido paleontólogo norteamericano Thomas R. Holtz declaró en una entrevista que el esqueleto completo de *Deinocheirus* era fascinante y extraño, y parecía «producto de una noche loca entre un hadrosaurio y *Gallimimus*».

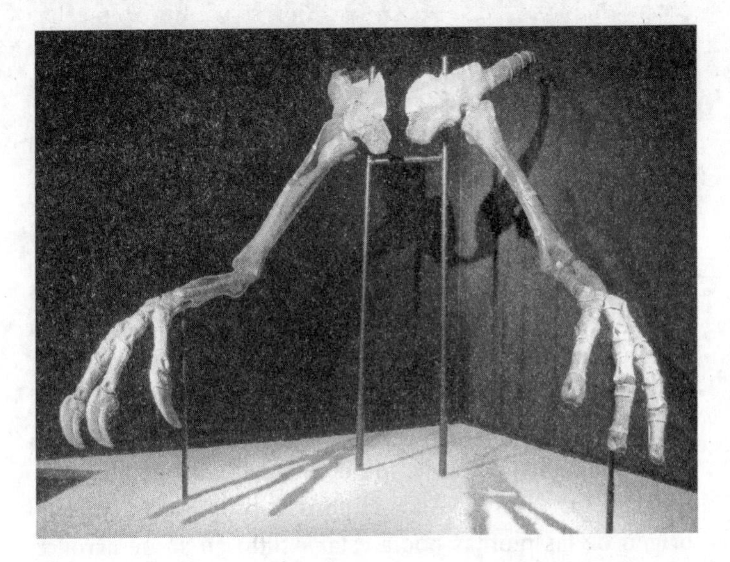

Durante décadas, todo lo que sabíamos de *Deinocheirus* es que poseía estos monstruosos brazos. [Eduard Solà/WikimediaCommons]

Deinocheirus es el ornitomimosaurio más grande descubierto hasta la fecha: mide entre 11 a 12 metros de largo, se le estima un peso de entre 6 y 7 toneladas y la cadera quedaba a unos 4 metros de altura. Era un terópodo muy voluminoso y robusto, aunque, como muchos terópodos, tenía muchos huesos huecos (neumatizados). Ya hemos mencionado sus brazos de más de dos metros con garras afiladas. Sus piernas eran cortas en proporción, y las espinas de sus vértebras dorsales eran altas, formando una especie de vela o joroba. Su cola terminaba en forma de pigóstilo (una fusión de vértebras que se observa en las aves), lo que indica la probable presencia de un abanico de plumas. Su cráneo medía un metro de largo, y su pico era ancho y recordaba al de los hadrosaurios con pico de pato.

DRAGONES EMPLUMADOS

El hallazgo de *Archaeopteryx*, con su afinidad dinosauriana, así como *Deinonychus* y otros dinosaurios cercanamente emparentados, cambió nuestra percepción de los dinosaurios terópodos, acercándolos mucho a las aves y alejándolos de una imagen reptiliana. Debido a esto, muchos paleontólogos y paleoartistas se atrevieron a añadir plumas a algunos dinosaurios terópodos en un sano ejercicio de especulación. Sin embargo, no tuvimos una idea clara del origen de las plumas hasta hace poco tiempo.

A principios de la década de los 2000, los ornitólogos Richard O. Prum y Alan H. Brush propusieron que el origen de las plumas podía estar oculto en su desarrollo. Esta disciplina, la de relacionar el desarrollo embrionario con la evolución de un linaje la llamamos «biología evolutiva del desarrollo» o «evo-devo», y tiene sus raíces en los trabajos del naturalista alemán Ernst Haeckel. Ya hablamos de Haeckel por ser un gran defensor de Darwin y popularizar en Alemania sus ideas. Haeckel desarrolló su teoría de la «recapitulación», según la cual el desarrollo embrionario de una especie recapitula de algún modo rasgos de la historia evolutiva de su linaje.

La actual evo-devo es una disciplina de la biología que estudia la ontogenia —el desarrollo embrionario— de un grupo de animales buscando claves de la evolución de este grupo. Pues bien, Prum y Brush propusieron que la evolución de las plumas había seguido unos pasos o estadios semejantes a los de su desarrollo en los embriones de las aves. Así, establecieron 5 estadios. En el primero, se forma una especie de púa o filamento. En el segundo estadio, esta púa se deshilacha en una serie de fibras o barbas, unos filamentos más finos. El tercer estadio presenta a estas barbas partiendo de un eje central o raquis. Y en el cuarto estadio, estas barbas ya no aparecen deshilachadas, sino bien alineadas por la posesión de diminutos ganchos llamados «bárbulas», formando plumas simétricas. Un quinto estadio serían ya plumas asimétricas, como las que se observan en aves actuales. De por sí, esta hipótesis es muy interesante, pero lo realmente impresionante fue que estas hipotéticas plumas primitivas o «protoplumas» eran muy parecidas a las estructuras encontradas en muchos dinosaurios encontrados en los yacimientos de conservación especial de Liaoning, en China. En estos impresionantes yacimientos han aparecido dinosaurios mostrando plumas en diferentes estadios.

Los yacimientos de Liaoning se hicieron famosos internacionalmente en los años 90 del pasado siglo XX por el hallazgo de dinosaurios, pero estos niveles fosilíferos se conocen desde 1928. Aquel año, el geólogo norteamericano Amadeus W. Grabau estudió unos depósitos fosilíferos del Cretácico inferior (hoy datados entre 135-115 millones de años) en Liaoning, cuyo contenido denominó «fauna de Jehol». Estos yacimientos pertenecen a los llamados «de conservación excepcional» o, en alemán, *Konservat-Lagerstätten*, en los que, por su peculiar formación, se pueden encontrar invertebrados, o los tejidos blandos de los vertebrados. El yacimiento de Solnhofen en Alemania o Las Hoyas en Cuenca, España, pertenecen a este mismo tipo de yacimientos. En el caso de Liaoning, el enterramiento y la preservación de esta fauna están relacionados con fenómenos de vulcanismo, que, por un lado, hicieron que se depositaran abundantes cenizas volcánicas y, por otro lado, produjeron mortalidades en masa por sus gases tóxicos. Tal catástrofe para las faunas de Liaoning fue una suerte para los paleontólogos 130 años más tarde. Sobre todo, cuando en sus afloramientos empezaron a encontrarse pterosaurios y dinosaurios perfectamente preservados con sus contenidos estomacales o su piel. La mayor sorpresa fue el hallazgo de dinosaurios no avianos con plumas, tanto primitivas como más desarrolladas, en su piel. Estos dinosaurios pertenecían a varios linajes de terópodos, permitiéndonos por primera vez poder tener una hipótesis acerca de la evolución de las plumas.

En este yacimiento se recuperó un compsognátido, *Sinosauropteryx* («lagarto alado de China»), con evidencias de haber estado cubierto de una capa de protoplumas filamentosas muy finas. También se recuperaron ejemplares del ceratopsio primitivo *Psittacosaurus*, que ya se había descrito en los yacimientos del desierto de Gobi, mostrando en este caso unos filamentos largos en la base de su cola. Otro dinosaurio emplumado de Liaoning es *Beipiaosaurus* («lagarto de Baipiao», una ciudad cercana), un tericinosaurio en el que se observan haces de fibras semejantes al estadio 2. También hay un oviraptorosaurio, *Caudipteryx* («cola emplumada o alada»), que muestra ya no solo plumas simples cubriendo el cuerpo, sino plumas más desarrolladas simétricas, como las descritas en el estadio 4 de Prum y Brush en los brazos, formando unas protoalas, y en la cola, formando un abanico o penacho. También aparecen dinosaurios con plumas del estadio 5, semejantes a las plumas remeras de las aves actuales, como es el caso del dromeosaurio *Microraptor* («pequeño ladrón»), emparentado con los raptores, como *Velociraptor* o *Deinonychus*. Por si esto fuera poco, se ha descrito un tiranosauroideo llamado *Yutyrannus* («tirano emplumado», siendo *yu* el término para «pluma» en mandarín) con plumas filamentosas. En otros yacimientos de conservación excepcional se han encontrado otros dinosaurios con estructuras similares a las plumas filamentosas, como *Kulindadromeus* («corredor de Kulinda», nombre del yacimiento), un ornitísquio primitivo hallado en el Jurásico superior de Rusia.

El impresionante fósil de *Sinosauropteryx* demuestra la presencia de plumas primitivas en dinosaurios terópodos no tan cercanos a las aves. Además en este espectacular ejemplar se han podido estudiar sus melanosomas y proponer una hipótesis de su coloración.

Gracias a esta información se ha podido mapear la aparición de estas estructuras en los cladogramas o árboles filogenéticos (esquemas con forma de árbol que muestran las relaciones de parentesco entre diferentes especies), lo que nos permite hacer predicciones. Trasladando toda esta información a un cladograma de los terópodos, podemos predecir que las plumas primitivas filamentosas aparecen ya en el grupo de los celurosaurios, al que pertenecen los compsognátidos, los tiranosaurios y los terópodos más cercanamente emparentados con las aves, los manirraptores, a partir de los cuales aparecen también las plumas remeras en brazos y cola.

Poder hacer inferencias en base a estos especímenes es muy importante, ya que en otros yacimientos no solemos tener información respecto a la piel o tejidos blandos de los dinosaurios. Las plumas, al igual que las escamas, el pelo o los tejidos blandos, rara vez se conservan en un organismo fósil en las condiciones más habituales de fosilización. Si que un animal llegue a fosilizar ya es un verdadero caso excepcional, que este fósil contenga información acerca de los tejidos blandos es todavía más raro. ¿Podemos llegar a hacer estas inferencias? Podemos, ya que sabemos que la naturaleza es muy ahorradora y conservadora: los recursos energéticos de un organismo son muy caros, y es por eso que a lo largo de la evolución solo aparecen estructuras nuevas si los portadores se ven favorecidos. Y verse favorecido en este contexto no es más que lograr reproducirse con éxito. La consecuencia de todo esto es que en un mismo grupo lo normal es que las características sean semejantes, porque introducir cambios extra es «caro» evolutivamente hablando. Gracias a esto, cuando encontramos un hueso aislado de dinosaurio, nos podemos permitir el lujo de reconstruirlo como sus parientes cercanos. Porque que estos restos pertenezcan a un animal con muchas características nuevas desconocidas es algo improbable, ya que es, de nuevo, «caro». A esto nos referimos los paleontólogos cuando hablamos de «máxima parsimonia», al mínimo cambio.

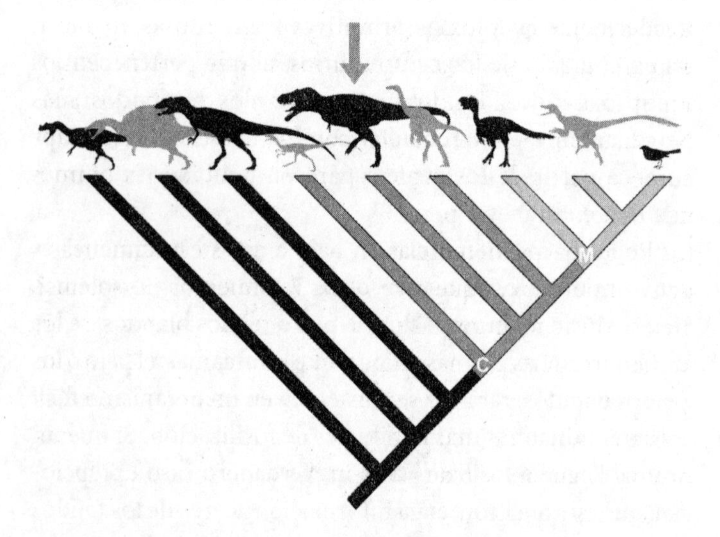

Mapeando la información sobre plumas que obtenemos de los fósiles de conservación excepcional sobre un árbol filogenético o cladograma (que muestra las relaciones de parentesco de los diferentes grupos, familias o especies) podemos llegar a hacer inferencias o predicciones. En gris oscuro y marcados con la C están los celurosaurios, y todos ellos podrían tener potencialmente plumas primitivas filamentosas, en mayor o menor medida. En gris claro y la letra M aparecen los maniraptores, grupo en el que ya está muy establecida la presencia de plumas en todo el cuerpo, incluyendo plumas remeras como las de las alas. [Imagen del autor]

¿A dónde nos lleva todo esto? Veréis, existe una metodología en paleobiología llamada *Extant Phylogenetic*

Bracket (EPB) que se traduciría como «paréntesis filogenético de parientes actuales». Como estaréis de acuerdo en que la traducción es horrible, hablaremos simplemente de EPB. Este método, introducido por paleontólogos como Lawrence M. Witmer, establece que, para inferir cómo sería una estructura no conservada en un organismo fósil, debemos ver los dos grupos actuales con los que esté emparentado (esos dos grupos formarían los «paréntesis»). En el caso de los dinosaurios, se usan aves y cocodrilos. No obstante, la existencia de yacimientos de conservación excepcional modifica este «paréntesis», permitiendo incluir información que no pertenece a parientes actuales, sino a fósiles que sí que tienen esta información. Así que, centrándonos en el tema, ¿qué dinosaurios estarían emplumados? De estos yacimientos excepcionales que acabamos de ver, se han recuperado especímenes con plumas totalmente desarrolladas en brazos y cola (plumas remeras), plumas coberteras (las que cubren el tronco de las aves) y unas protoplumas a modo de filamentos o semejantes al plumón de algunos polluelos.

Estos especímenes pertenecen mayoritariamente a grupos de dinosaurios terópodos de diversos grupos, como, por ejemplo, a los dromeosaurios, los oviraptorosaurios, los tiranosauroideos y a las aves en sentido estricto. Haciendo caso al EPB y aplicando este criterio por «mínimo cambio», los tiranosauroideos deberían tener protoplumas. Todos ellos. Y es por eso que se ha popularizado la hipótesis de que *T. rex* podría haber estado cubierto de este plumaje. Sin embargo, se han descrito impresiones de piel de *Tyrannosaurus* con escamas muy claras. ¿Podemos explicar esto? Un animal con plumas o pelo está aislado del medio, lo que significa que, si tiene sangre fría, puede pasarlo muy mal, por lo que es más que probable que los dinosaurios terópodos fueran homeotermos, lo que se suele llamar comúnmente tener la sangre caliente. Y si este es el caso, si tiene sangre caliente y mantiene él solito su temperatura, al alcanzar grandes tamaños podrían recalentarse mucho con tanta pluma o pelo. No hay más que echar un vistazo a las piernas de los avestruces o, por ejemplo, a los grandes mamíferos, que, salvo aquellos que viven en climas más fríos, tienden a tener poco pelo. Entonces, que los tiranosaurios como grupo tuvieran plumas no implica que los adultos de *Tyrannosaurus* estuvieran completamente emplumados como un pollo.

Reconstrucción de un oviraptorosaurio emplumado, de acuerdo con el conocimiento más actualizado. [Imagen del autor]

Estas inferencias se han podido hacer a todos los dromeosaurios o raptores, concluyendo que todos tendrían, como manirraptores que son, tanto plumas simples cubriendo su cuerpo como plumas remeras en brazos y cola, formando abanicos. Y el mismo ejercicio se puede hacer con *Oviraptor*, a quien ya le cambió la imagen al redimirlo de su vieja interpretación de ladrón de huevos. Así es como pasamos de tener a *Oviraptor* como un terópodo escamoso robando huevos a *Protoceratops* desprevenidos, a una imagen muy semejante a la de un pájaro, que incubaba sus huevos en sus nidos y que, además, estaba completamente cubierto de plumas.

Pero la cosa no ha quedado ahí. Hallazgos como los filamentos de *Psittacosaurus* y *Kulindadromeus* nos hacen plantearnos que todos los dinosaurios tienen el potencial de poseer plumas primitivas. O, al menos, que los dinosaurios primitivos como *Herrerasaurus* y *Eoraptor* pudieron tener tanto escamas como plumas filamentosas. Y que algunos de los grupos que desarrollaron gigantismo pudieron reducirlas en favor de pieles escamosas clásicas. El reciente hallazgo de pterosaurios con posibles protoplumas de estadio 2 (en un artículo publicado por el paleontólogo Michael Benton y sus colaboradores en 2019) nos hace ampliar todavía más las miras, planteando la hipótesis de que las picnofibras — que es como se han llamado tradicionalmente a esa especie de pelos o filamentos de los reptiles voladores— sean homólogas a las plumas y tengan un ancestro común, ya que los pterosaurios son parientes muy cercanos de los dinosaurios, y juntos forman un grupo llamado *Ornithodira*.

Este es un ejemplo de cómo se pueden ir rellenando las lagunas en el registro fósil y los enigmas acerca de la evolución de muchos seres vivos con el estudio combinado de los fósiles y del desarrollo embrionario. Y desde luego, tener fósiles de conservación excepcional ayuda.

El último bombazo en el aspecto de los dinosaurios nos llegó de la mano de estudios a microscopio electrónico de las impresiones de plumas, en los que se llegaron a describir unas estructuras microscópicas llamadas «melanosomas». Un melanosoma es un orgánulo que contiene pigmentos como la melanina, el pigmento absorbente de luz más común en el reino animal. Gracias a un estudio comparativo de las formas de melanosomas en plumas de aves actuales y en el registro fósil, se propuso una teoría muy interesante: si el tamaño y la forma de los melanosomas son un reflejo del tipo y de la cantidad de pigmentos que poseen —lo cual parece ser así en aves actuales—, podremos inferir el color de los dinosaurios portadores de estos melanosomas en sus plumas. Esta propuesta ha sido recientemente publicada por un equipo interdisciplinar de paleontólogos encabezados por F. Zhang en 2010. Tradicionalmente, siempre se habían reconstruido los dinosaurios dándoles colores muy especulativos. Los paleoartistas hemos tenido que enfrentarnos a la dura prueba de elegir la coloración de las especies a reconstruir, y normalmente nos fijábamos en animales actuales, ya fuesen parientes más o menos cercanos, o en animales que ocupasen un nicho semejante en un ecosistema. Esta novedad lo cambia todo, al menos con los dinosaurios emplumados.

¿O puede que no sea algo exclusivo de dinosaurios emplumados? En 2017, el paleontólogo Caleb M. Brown y sus colaboradores del Museo Tyrrell publicaron el hallazgo de un anquilosaurio nodosáurido llamado *Borealopelta mcmitchelli* («escudo norteño dedicado a Mark Mitchell», técnico de laboratorio encargado de su preparación). Lo notable de este hallazgo es su preservación tridimensional con restos de tejidos blandos, incluyendo las fundas de las espinas de su armadura, escamas o su contenido estomacal. Se le realizó un análisis químico mediante la técnica llamada de «espectroscopia» de masas, pudiendo detectar trazas de sus pigmentos en sus restos de piel y escamas, que sugieren que pudo haber tenido una coloración parda rojiza en vida, con un patrón de sombreado llamado «contracoloración», una forma de camuflaje en el que la pigmentación de un animal es más oscura en la parte superior y más clara en la parte inferior del cuerpo. Así que incluso los colores de los dinosaurios, que siempre fueron especulativos, podemos llegar a basarlos en la actualidad en evidencia más o menos sólida.

PARQUE JURÁSICO Y EL NUEVO CINE DE DINOSAURIOS

En 1990, el escritor norteamericano Michael Crichton (1942-2008) publicaba su novela *Parque Jurásico* (*Jurassic Park*). Según contó el escritor en algunas ocasiones, la semilla o idea original a partir de la cual construyó *Parque Jurásico* fue un boceto de guion de 1983 sobre un estudiante de doctorado que recreaba un dinosaurio. Sin embargo, esta idea la puso en pausa hasta que indagó mucho más en temas de paleontología de dinosaurios y el proceso de clonación, y su nueva visión lo llevó a escribir la novela. Antes de publicarse, ya estaba claro que iba a adaptarse al cine: en octubre de 1989, durante una reunión entre Steven Spielberg y Crichton para discutir la idea original de la serie que acabaría siendo *Urgencias* (*ER*, estrenada finalmente en 1994), estaban poniéndose al día cuando Crichton le habló de la novela que estaba escribiendo. Al oír la idea de clonación y dinosaurios, Spielberg quedó encantado con la idea, ya que también fue un niño apasionado por los dinosaurios. El mismo año que se publicaba la novela, Universal ya había adquirido los derechos de adaptación, y Steven Spielberg ya estaba a bordo del proyecto.

La película se estrenó el 11 de junio de 1993, aunque en España tardamos unos meses en verla. La revolución que supuso técnicamente fue increíble: los dinosaurios generados por ordenador (se suele usar el término CGI del inglés

Computer-Generated Imagery) eran completamente reales a ojos de los espectadores. Además, el estreno provocó una nueva oleada de fiebre por los dinosaurios. Para un niño de nueve años que se ha cansado de ver películas con dinosaurios y monstruos de goma en casa y que sueña con dinosaurios de noche y de día, esta película fue como una bocanada de aire fresco tras años de respirar aire envejecido en un búnker. Emoción, aventura y, sí, un poco de terror. Y los dinosaurios más realistas que habíamos visto jamás. Y es que, aunque dirigida por Steven Spielberg y con protagonistas como Jeff Goldblum, Laura Dern, Sam Neill, Richard Attemborough o Samuel L. Jackson, las estrellas del *film* son los dinosaurios. Indiscutiblemente. Y eso que ocupan pocos minutos de metraje. Pero, en lo técnico, rozan la perfección, y su recreación, ya sea mediante animatrónicos o mediante CGI, ha envejecido perfectamente.

La historia nos lleva hasta la ficticia isla Nublar, cerca de Costa Rica, donde la empresa de ingeniería genética InGen ha estado construyendo un parque temático en el que pretenden exhibir dinosaurios recreados gracias a su trabajo en bioingeniería. El dueño de la empresa, el filántropo John Hammond, preocupado por las demandas de los familiares de un trabajador que ha fallecido durante la construcción del parque, invita a un grupo de científicos para que avalen el parque y así poder dejar tranquilos a sus inversores. Los elegidos son Ian Malcolm (matemático y especialista en la teoría del caos), Alan Grant (paleontólogo especialista en dinosaurios) y Ellie Sattler (paleontóloga especialista en paleobotánica). A estos tres científicos se les unen en la visita piloto el abogado de Hammond, Donnald Gennaro, así como sus dos nietos, Lex y Tim. No obstante, la visita al parque no sale según lo planeado por el saboteo de un empleado descontento, Dennis Nedry, que, sobornado por Biosyn, la compañía rival de InGen, acepta sacar embriones de dinosaurios en un acto de espionaje industrial. Para poder salir con los embriones bajo el brazo, desactiva los sistemas de seguridad del parque, y los dinosaurios escapan de sus recintos, provocando el caos y convirtiendo lo que iba a ser una excursión de fin de semana en una lucha por la supervivencia.

Kualoa Ranch es uno de los destinos turísticos más populares de la isla de Oahu donde se filmó *Jurassic Park*.

La historia, el milagro de la «desextinción» de dinosaurios y la aventura son gran parte del atractivo de la historia. De hecho, más allá de ser una película de dinosaurios, es una película sobre los peligros de la ingeniería genética y sobre la ilusión de nuestro afán de controlar la naturaleza. Pero, si la película fue un fenómeno, fue por los dinosaurios. En la película aparecen los terópodos *Tyrannosaurus*, *Velociraptor*, *Gallimimus* y *Dilophosaurus*; el hadrosaurio *Parasaurolophus*; el saurópodo *Brachiosaurus*, y el ceratopsio *Triceratops*. Y por primera vez en la gran pantalla, la manera de representarlos sigue el nuevo paradigma de la *dinosaur renaissance*: se habla de su parentesco con las aves, de cuidado de las crías, de sangre caliente, de su metabolismo…, pero lo más importante es que se muestran como animales reales. Y el fotorrealismo de sus reconstrucciones los vuelve creíbles, a pesar de las licencias tomadas en su aspecto. Para captar esta idea, esta nueva visión realista de los dinosaurios, ya en la novela Michael Crichton se apoyó en trabajos de paleontólogos que consultó durante su escritura, como Bob Bakker, Jack Horner, John Ostrom y Gregory Paul.

El T-rex fue uno de los protagonistas más aclamados por el público en *Jurassic Park*.

Cartel promocional de *Jurassic Park* en 1993. El estreno provocó una nueva oleada de fiebre por los dinosaurios. [Universal Pictures, Amblin Entertainment]

Una de las licencias tomadas por la película procede de la novela y tiene su origen en una propuesta de Paul, que *Velociraptor* y *Deinonychus* deberían agruparse como dos especies diferentes de un mismo género, y, dado que *Velociraptor* es el que se describió antes, *Deinonychus antirrhopus* pasaría a llamarse *Velociraptor antirrhopus*. Así como otras propuestas de este autor sí que fueron aceptadas —como que el braquiosaurio de Tanzania tuviese su propio género *Giraffatitan*—, esta propuesta de agrupación de los raptores pasó sin pena ni gloria. Pero Crichton, que se inspiró en su trabajo para dar forma a los raptores de su novela, se hizo eco de esta propuesta. Así fue como en el arte conceptual de la película se puede leer que los raptores son *Deinonychus*, que son de mayor tamaño, aunque luego son llamados *Velociraptor*. De todos modos, los raptores de la película llegan a ser demasiado grandes incluso para un *Deinonychus*.

Durante la producción de la película, Spielberg también se rodeó de unos cuantos asesores, teniendo unos cuantos paleoartistas en el equipo para dar forma a los diseños de los dinosaurios, y, en concreto, tuvo un asesor en paleontología, Jack Horner. La figura de Alan Grant, sobre todo en la versión de la novela, se basa claramente en Horner, desde su especialidad en crecimiento y cuidados parentales hasta en detalles como su excavación, que es un calco del yacimiento en Montana en el que Horner y Makela descubrieron a *Maiasaura*. No obstante, tener un asesor técnico no asegura que el contenido de la película vaya a ser 100 % riguroso, ya que en ocasiones, ya sea por exigencias del guion o de producción, se toman algunas licencias. Así es como los raptores se hicieron de mayor tamaño.

Otra licencia fue el collarín que exhibe el dinosaurio

terópodo *Dilophosaurus* en la película, así como el veneno que escupe. En el relato de Crichton, *Dilophosaurus* había resultado ser venenoso una vez clonado. Era una peculiaridad fisiológica que jamás habríamos podido inferir los paleontólogos a partir de sus huesos, y que se había manifestado en el animal vivo. Se trata de un ejercicio muy interesante de ciencia ficción: literalmente desconocemos muchos detalles de la fisiología de estos animales, y probablemente la mayor parte de sus peculiaridades no las conoceremos jamás. Pero, si los observásemos en vida, descubriríamos cosas nuevas, como estas características fisiológicas o sus comportamientos. Así pues, en el universo de la novela de Crichton, los *Dilophosaurus* eran venenosos, y solo lo descubrimos al clonarlos. Al dar el salto a la gran pantalla, se estimó apropiado añadirle el collarín, inspirado en el de los clamidosaurios, para dotar a este dinosaurio de mayor teatralidad. Con el estreno de *Jurassic Park* empezó una nueva fiebre de los dinosaurios. A pesar de que la llamada «dinomanía» lleva años establecida, como ya hemos visto, esta resurgió más potente que nunca gracias a esta película. De hecho, si el estreno de *En busca del arca perdida* hizo que se disparasen las matrículas universitarias en Arqueología e Historia, lo mismo pasó con *Parque Jurásico* y la Paleontología y Geología. El interés por los dinosaurios y la vida en el pasado alcanzó cotas nunca antes vistas, y empezó a haber una gran demanda de conocimientos y productos relacionados. Muchos datos pasaron de las películas al conocimiento popular, sin filtro. Y muchas de las licencias tomadas en la película (la mayoría procedentes de un modo u otro de la novela de Crichton) pasaron al público mezcladas con conocimiento real sobre estas criaturas. ¿Podía el *Tyrannosaurus rex* verte si no te movías? ¿Escupía veneno el *Dilophosaurus*? ¿Eran los raptores como nos muestran en la película? Por suerte, esta nueva dinomanía vino acompañada de interés en la ciencia de la paleontología, que en los últimos años se ha beneficiado también del auge de la divulgación científica. Ahora, lo tenemos más fácil que nunca para hacer llegar al público la ciencia tras la ficción.

Desde la primera entrega *Jurassic Park* (1993), Jack Horner fue el asesor científico de la saga, hasta la quinta entrega, J*urassic World: El Reino Caído* (*Jurassic World: Fallen Kingdom*, 2018), dirigida por el cineasta español Juan Antonio Bayona. [Imagen del autor]

Por ejemplo, ¿qué hay de la premisa misma de la que parte *Parque Jurásico*? Sus científicos logran clonar dinosaurios usando su ADN, conservado en el interior de mosquitos que se habían alimentado de la sangre de dinosaurios y luego habían quedado atrapados en ámbar. ¿Es esto una posibilidad real? Llamamos ámbar a la resina fosilizada de árboles del pasado. Cuando la corteza de un árbol es dañada, se produce la salida de la resina, que al exudar al exterior se endurece. Cuando esta sustancia pegajosa de los árboles fluye por los troncos o las ramas, antes de endurecerse pueden quedar atrapadas hojas, flores, granos de polen, esporas, invertebrados o pequeños vertebrados. Y si esta resina queda enterrada, puede llegar a fosilizar. Sin embargo, pese a que pueda parecer que estos insectos están perfectamente conservados, solo lo está su superficie. La mayor parte de su materia orgánica habrá desaparecido, y lo que quede de él, habrá fosilizado como la resina que lo envuelve. Eso sí, este tipo de conservación nos permite estudiar la anatomía de los animales atrapados como si fuesen actuales, ya que su exterior se ha conservado perfectamente.

Con Juan Antonio Bayona director de
Jurassic World. [Imagen del autor]

Incluso en el caso de que un mosquito que hubiera picado a un dinosaurio quedara atrapado en resina, y esta se conservara como ámbar, y se preservara parte de la materia orgánica del interior del mosquito, tampoco sería probable encontrar restos de biomoléculas del dinosaurio. ¿Por qué? Porque, cuando los mosquitos se alimentan de sangre, la digieren. Y en su aparato digestivo sus enzimas se habrían puesto a digerir la sangre del dinosaurio. Por lo que es muy improbable que llegara a conservarse algún fragmento grande del ADN del dinosaurio. Sería más probable encontrar fragmentos del ADN y otras biomoléculas del propio mosquito.

Tras *Jurassic Park*, llegó su secuela, *El mundo perdido: Jurassic Park* (*The Lost World: Jurassic Park*, 1997), también basada en la novela homónima de Michael Crichton. Jack Horner permaneció como asesor en esta y la siguiente entrega, *Jurassic Park III* (2001). Tras esta tercera entrega, hubo un hiato de 14 años hasta que en 2015 se estrenó la cuarta película de la saga, *Jurassic World*, dirigida por Colin Trevorrow. A pesar de haber pasado mucho tiempo y ya tener sólida evidencia de plumas en muchos dinosaurios, la decisión adoptada para la nueva entrega fue conservar el canon de la saga y mostrar los dinosaurios del mismo modo que en la década de 1990. Eso sí, siendo conscientes de que esta decisión alejaba mucho el aspecto de los dinosaurios de la cinta de la realidad, incluyeron estas decisiones en el propio guion de la película. De hecho, toda la película gira en torno a la cuestión inicial de la obra de Crichton, el peligro de la ingeniería genética y de nuestra manipulación de la naturaleza. Que sus dinosaurios del parque no sean realistas obedece en el discurso de ficción a que su ADN no es puro, ya que siempre han completado las secuencias con fragmentos de ADN de otros animales. El propio genetista Henry Wu, personaje que se remonta a la primera entrega de 1993, lo dice claro: si su ADN fuese puro, tendrían un aspecto muy diferente. Jack Horner permaneció como asesor en esta y en la siguiente entrega *Jurassic World: El reino caído* (*Jurassic World: Fallen Kingdom*, 2018), dirigida por Juan Antonio Bayona. Sin embargo, para la sexta entrega de la saga se ha cambiado la asesoría, poniéndola en manos del paleontólogo Steve Brusatte. Así mismo, se ha confirmado que se dará por fin el esperado paso y se incluirán dinosaurios emplumados.

El estreno de *Jurassic Park* en 1993 fue el desencadenante de una nueva era en el cine de dinosaurios. Además de que aparecieron muchos productos de serie B con premisas parecidas, el uso de criaturas generadas digitalmente se empezó a popularizar. Así, desde entonces la mayoría de películas con dinosaurios se han beneficiado de estas nuevas técnicas. En el año 2000, se estrenaba *Dinosaurio* (*Dinosaur*), una película nueva de animación de Disney dedicada a los dinosaurios, con la totalidad de su animación realizada a partir de modelos digitales que buscaban un diseño fotorrealista, a la par que conservaban cierta esencia de dibujo animado en sus expresiones faciales. A pesar de que se toma licencias (los *Iguanodon* no tienen pico para poder ser más expresivos, los *Carnotaurus* son extremadamente robustos, los raptores no tienen plumas a pesar de tener evidencia sólida), la película es un espectáculo visual sin precedentes, especialmente la apertura del *film*, en la que se muestran abundantes especies de dinosaurios conviviendo en un mismo ecosistema. Como también fue todo un espectáculo el *remake* de *King Kong* en 2005 a cargo de Peter Jackson. En esta nueva versión, se vuelve a contar la historia original de 1933, incluidos los dinosaurios en isla Calavera, solo que aprovechando los efectos visuales vigentes. El resultado es un festival de dinosaurios con características híbridas entre la concepción actual y la de principios de siglo XX, pero con gran realismo.

Desde el estreno de *Jurassic World* en 2015 estamos viviendo un nuevo pico de dinomanía, que, como ya he adelantado antes, se ha beneficiado del actual auge de la divulgación científica. La demanda de información y contenidos que suele acompañar a un momento de gran interés la cubre en la actualidad internet, con sus luces y sombras. Afortunadamente, las luces brillan más fuerte que nunca, porque en los últimos años los hallazgos de nuevos dinosaurios y los descubrimientos en su paleobiología nos han hecho entrar en una edad de oro de la paleontología de dinosaurios.

La fotogrametría ha facilitado enormemente las tareas de escaneo de huesos para la obtención de modelos tridimensionales. Gracias a esto, las hipótesis de postura, rango de movimientos o biomecánica son mucho más fáciles de poner a prueba cómodamente desde nuestro despacho. [Dr. Daniel Vidal]

LA NUEVA EDAD DE ORO DE LA CIENCIA DE LOS DINOSAURIOS

Hace un par de años, mi buen amigo Alberto Aparici, físico y divulgador científico, me planteó esta duda: ¿estamos viviendo una edad de oro de la paleontología? A esta pregunta añadió la mención a unos cuantos descubrimientos recientes que nos habían hecho volar la cabeza. Mi respuesta, después de pensarlo durante unos segundos, fue afirmativa. Estamos viviendo una edad de oro de la paleontología de dinosaurios. Una de las causas de este festival de descubrimientos es el hallazgo de nuevos yacimientos de conservación excepcional. La otra causa es la interdisciplinariedad imperante en ciencia en la actualidad. Se acabó la época en la que cada especialidad trabajaba por separado y solo intercambiaban información las áreas semejantes. Vivimos un momento de revolución científica que hace que podamos trabajar en un mismo equipo paleontólogos, ingenieros y biólogos moleculares.

Una de las más novedosas disciplinas en el estudio de los fósiles de los dinosaurios es la paleontología virtual. Gracias a técnicas como la fotogrametría o la tomografía computarizada de gran detalle, se están pudiendo escanear muchos fósiles, incluidos esqueletos completos. El resultado son esqueletos virtuales que facilitan el estudio. Por un lado, podemos manejar y medir virtualmente estos huesos, lo cual es más cómodo que estar moviendo huesos fósiles muy pesados. Además, esto permite que los huesos originales estén expuestos a menos riesgos. Y por último, conservan la información de los fósiles en bases de datos o colecciones virtuales. Por otro lado, los esqueletos virtuales están permitiendo contrastar hipótesis paleobiológicas con facilidad. Las hipótesis de postura, rango de movimientos o biomecánica son mucho más fáciles de poner a prueba si podemos articular virtualmente estos esqueletos cómodamente desde nuestro despacho. Gracias a esta metodología, mi gran amigo Daniel Vidal ha podido realizar su tesis doctoral en la biomecánica de dinosaurios saurópodos. ¡Imaginad tener que colocar y articular los huesos de un gran dinosaurio de cuello largo para contrastar hipótesis! Incluso en el caso de usar réplicas ligeras, solo el tamaño y volumen de estos huesos lo imposibilita. Gracias a la aplicación de esta técnica estamos ya asistiendo a cambios de postura en muchos linajes de dinosaurios. Y más que vendrán, seguro.

La fotogrametría consiste en tomar una serie de fotografías de un fósil, desde diferentes ángulos y orientaciones para posteriormente procesar las imágenes con un programa que se encarga de superponer las fotografías identificando los puntos comunes y dando lugar a un modelo tridimensional del fósil original. Así, para poder escanear fósiles ya no hacen falta escáneres, podemos hacerlo con la cámara de nuestro teléfono móvil. Desde que se creó este sistema de obtención de modelos, se ha convertido en el más utilizado por su facilidad de uso. Por otro lado, la microtomografía computarizada es una técnica parecida a los TAC o máquinas de rayos X de los hospitales, pero que permite realizar estas imágenes a gran resolución. Con estas imágenes, de un modo semejante al de la fotogrametría, se genera un modelo tridimensional.

Pero dado que los rayos, los ultrasonidos o la resonancia magnética permiten observar los cambios de material en el interior. Por lo tanto, los modelos 3D obtenidos a partir de los datos de una microtomografía representarán también su estructura interna. El hecho de que sean de gran detalle está incluso facilitando el estudio de microestructura e histología sin necesidad de realizar cortes.

La reconstrucción de los dinosaurios también está avanzando a pasos gigantes. Ya hemos comentado brevemente el bombazo que fue el hallazgo de evidencias de coloración en fósiles excepcionales de dinosaurios. En el caso de los dinosaurios emplumados, gracias al estudio y a la descripción de sus melanosomas, los orgánulos que contienen los pigmentos. Gracias a un estudio comparativo de las formas de melanosomas en plumas de aves actuales y en el registro fósil, se propuso una teoría muy interesante: si el tamaño y la forma de los melanosomas son un reflejo del tipo y de la cantidad de pigmentos que poseen —lo cual parece ser así en aves actuales—, podremos inferir el color de los dinosaurios portadores de estos melanosomas en sus plumas. Así, por ejemplo, se ha inferido que *Sinosauropteryx*, un pequeño compsognátido encontrado en los yacimientos de Liaoning, en China, tendría protoplumas blancas y pardas que formarían franjas alternadas en su cola. *Microraptor*, el pequeño dromeosaurio con alas en brazos y piernas, también procedente de Liaoning, tendría plumas de un color negro con iridiscencias azuladas. Y se ha podido incluso aplicar esta metodología en *Archaeopteryx*, concluyendo que la primera ave tendría un plumaje negro como el de los cuervos actuales. También hemos visto como, gracias a los análisis de espectroscopia de masas, se están pudiendo detectar trazas de pigmentos en impresiones de piel y escamas, por lo que no es necesario que se conserven plumas en las que observar melanosomas. Sigue siendo muy excepcional tener impresiones de escamas, pero al menos podemos analizar mayor variedad de grupos de dinosaurios. Así, se ha podido sugerir que *Borealopelta* pudo haber tenido una coloración parda rojiza en vida, más oscura en la parte superior y más clara en la parte inferior del cuerpo.

Pero, si ha habido descubrimientos que nos han dejado con la boca abierta, han sido los que han dado origen a la especialidad de la paleontología molecular. Hace unos pocos años, en 2005, un grupo de paleontólogos que trabajaban en un yacimiento de la Formación Hell Creek en Montana (EE. UU.) descubrieron varios huesos de un *Tyrannosaurus rex* al que llamaron MOR 1125. Por supuesto, es el número de ejemplar, una mera sigla, no el nombre propio del bicho. El tiranosaurio era de tamaño relativamente pequeño, y sus huesos estaban encostrados en una arenisca durísima. Durante el complicado proceso de recuperación del esqueleto, el fémur del dinosaurio se partió en dos, pero el interior resultó ser más interesante que el exterior. Por un lado, en el interior del hueso observaron una descalcificación del hueso medular. Este proceso ocurre en aves y cocodrilos hembras durante la formación de la cáscara de los huevos. Por lo que lo primero que pensaron fue que estaban ante el hueso de una tiranosauria que habría puesto huevos en un periodo de tiempo cercano a su muerte, quedando registrada esa reabsorción. La sorpresa no quedó en eso. El equipo liderado por la paleontóloga Mary Schweitzer y al que pertenece también Jack Horner hizo un notable descubrimiento al disolver los depósitos de minerales en los huesos y obtener un material flexible, elástico y con aspecto fibroso. La parte proteica de los huesos es una matriz de colágeno, sobre la que se depositan los cristales de un tipo específico de fosfato cálcico llamado «hidroxiapatito». Por lo que Schweitzer y sus colegas concluyeron que estas fibras flexibles debían ser de colágeno, una proteína estructural muy común en animales. En ocasiones, este material proteico parecía tener aspecto de vasos sanguíneos, incluso con puntos más oscuros que podrían ser restos de las células endoteliales. ¿Estábamos ante tejidos blandos proteicos de un dinosaurio del Cretácico? El tiempo parece que les ha ido dando la razón. Y es que no solo encontraron colágeno (proteína estructural que se encuentra en todos los animales) en esas muestras, sino que la secuenciación de los fragmentos de aminoácidos encontrados (componentes de esta proteína) resultó ser totalmente consistente con la posición filogenética del dinosaurio: las secuencias más semejantes se encontraban en cocodrilos o aves.

Este procedimiento también se repitió con restos del hadrosaurio *Brachylophosaurus canadensis*, uno de los hadrosaurios con pico de pato, con una edad de 80 millones de años. Para callar a los críticos, fueron todavía más rigurosos para evitar errores que pudiesen desembocar en contaminación. El mismo protocolo fue repetido en varios laboratorios para descartar también efectos de errores humanos, material o condiciones de trabajo. ¿Pero qué hace que estas proteínas y vasos sanguíneos se conserven?

Schweitzer y sus colegas publicaron en 2013 un gran avance en esta investigación: encontraron que el tejido blando conservado estaba estrechamente asociado con las nanopartículas de hierro, tanto en el *T. rex* como en el *Brachylophosaurus*. El hierro es un elemento presente en abundancia en los cuerpos de los animales, especialmente en la sangre, donde forma parte de la hemoglobina, la proteína que transporta el oxígeno desde los pulmones a los tejidos. El hierro también es muy reactivo con otras moléculas, por lo que el cuerpo lo mantiene encerrado, unido a moléculas que evitan que reaccione con quien no debe. Sin embargo, después de la muerte de cualquier animal, el hierro queda libre, y este mismo hierro pudo unirse a las proteínas y depositarse en los vasos sanguíneos, actuando como conservador, como una especie de «formol» natural. Esta hipótesis fue probada por el equipo de Schweitzer en vasos sanguíneos de avestruz actual, con resultados muy positivos: los vasos sanguíneos expuestos al hierro de la sangre se conservaron prácticamente intactos, mientras que los que se dejaron en agua empezaron a descomponerse muy rápido. La sangre rica en hierro de los dinosaurios, combinada con un buen ambiente de enterramiento y fosilización, puede explicar la existencia de tejidos blandos del Cretácico.

Con el tiempo, se ha ido demostrando que estos fragmentos de proteínas no son exclusivos de huesos bien conservados encostrados en roca dura del Cretácico. En 2015, se publicó la presencia de restos de fibras de colágeno e incluso posibles glóbulos rojos. Un equipo del Museo de Historia Natural de Londres encabezado por el paleontólogo Sergio Bertazzo estudió fragmentos aislados de huesos de dinosaurio. Un estudio de microscopía en detalle de estas fibras reveló una estructura bandeada típica del colágeno. Así mismo, por espectroscopia se identificaron aminoácidos. ¿Y los glóbulos rojos? Pues el estudio de secciones reveló que tenían estructura interna, y su espectro químico reveló una enorme semejanza con una muestra procedente de sangre de un emú (un ave no voladora actual). Este estudio demostró que estas moléculas y estructuras se conservan mucho más comúnmente de lo que se pensaba hasta ahora. ¡Cientos de huesos fósiles podrían contener trazas de proteínas! ¿Y los glóbulos rojos? ¿Qué tienen de especial los glóbulos rojos de dinosaurio? En mamíferos como nosotros, los glóbulos rojos son células aplanadas y sin núcleo. Pero, en el resto de vertebrados, incluyendo reptiles y aves, los glóbulos rojos conservan los núcleos. Inmediatamente se fantaseó con el hallazgo de trazas de ADN. Sin embargo, el problema del ADN es que es una molécula muy inestable que tiende a degradarse y no tiene una vida muy larga.

El último bombazo de esta historia de paleontología molecular fue publicado en 2020, en un artículo encabezado por la paleontóloga Alida Bailleul, a quien tuve el placer de conocer durante nuestro tiempo de formación en paleohistología con el Dr. Martin Sander. En el artículo publicado, firmado también, entre otros, por Jack Horner o por Mary Schweitzer, se describe la presencia, en hueso de dinosaurio, de proteínas, estructuras parecidas a cromosomas e incluso marcadores químicos de ADN. Y estas tres cosas no son habituales en los artículos de paleontología.

Empecemos por el principio. El ADN, el material genético, se encuentra en el núcleo de las células y está organizado en cromosomas. Los cromosomas, por lo tanto, son cadenas de ADN unidas a proteínas llamadas «histonas». Cuando una célula se va a dividir, este material genético se ordena, para poder ser copiado y que cada célula hija reciba una copia del ADN. En este punto de la mitosis es cuando los cromosomas pueden ser vistos, al microscopio, con esa forma característica de X. Durante la metafase de la mitosis, los cromosomas se encuentran en la mitad de la célula, alineados, formando la placa metafásica.

Alida y su equipo se encontraban estudiando láminas delgadas de huesos de *Hypacrosaurus*, un hadrosaurio. En concreto, se trataba de un individuo inmaduro, que todavía estaba creciendo. Como individuo inmaduro, parte de su esqueleto era de cartílago, pero el cartílago suele calcificarse, suele añadir depósitos de fosfato cálcico, así que muchas veces puede fosilizar. En una muestra de este cartílago descubrieron unas células que tenían pinta de estar recién divididas, muy juntas entre sí, con sus paredes pegadas y, en el centro de cada una, una mancha más oscura que podía perfectamente corresponderse con el núcleo.

Pero todo no quedó en eso, había algunas de esas células en las que se apreciaban unas manchas oscuras filamentosas en el centro de la célula, de una manera que recordaban escandalosamente a los cromosomas durante la metafase. Para poder identificar si se trataba de restos del material genético, se dispusieron a usar tinciones para averiguar si había moléculas originales de proteínas y ácidos nucleicos. Las tinciones son los métodos que usamos en biología para poder visualizar estructuras en un tejido o una célula, ya que no solo es que sean pigmentos, sino que se unen específicamente a partes de las moléculas. De manera que una tinción para material genético solo tiñe material genético. Usaron una tinción para colágeno del cartílago, y el cartílago de la muestra retuvo esta tinción, demostrando que había al menos partes de moléculas del colágeno del cartílago presentes. Usaron también una tinción específica para el ADN, y esta se retuvo en los presuntos núcleos. Sugiriendo que al menos una mínima parte del material genético puede sobrevivir tras millones de años. Evidentemente, saltaron muchas dudas, y el hallazgo ha de ser tratado con cautela. Para hacer buena ciencia hay que replicar estos experimentos muchas más veces, en laboratorios independientes y controlando bien las condiciones de experimentación y estudio. Si hubiese restos de material genético más reciente contaminando la muestra, también se teñiría. Pero sería demasiada casualidad que esta contaminación solo ocurriera en el núcleo de las células del dinosaurio. ¿Significa que hemos encontrado por fin ADN de dinosaurio? Sí, y no. De confirmarse este hallazgo, habríamos encontrado trazas de lo que fue ADN, pero muy probablemente sean fragmentos de moléculas imposibles de extraer y mucho menos secuenciar. De momento, solo se ha detectado su presencia. Su estado de conservación posiblemente no sea bueno.

Sin embargo, si estamos aprendiendo algo de los últimos descubrimientos, es que el registro fósil es mucho más complejo y maravilloso de lo que jamás habíamos imaginado.

Que en paleontología se estén pudiendo usar técnicas de biología molecular pone de manifiesto la cantidad de información que todavía queda por descubrir sobre la biología de los dinosaurios. Y cómo, gracias a esta nueva paleontología, más interdisciplinar que nunca, avanzamos a pasos más grandes que nunca. Pasos agigantados que siguen ocurriendo ahora mismo, mientras acabo de escribir estas líneas, y mientras tú las estás leyendo.

La historia de los descubrimientos, de la investigación y de nuestra relación con los dinosaurios sigue escribiéndose cada día.

AGRADECIMIENTOS

Escribir un libro es siempre un trabajo muy gratificante a la vez que arduo y en el que, de manera directa o indirecta, necesitas del apoyo de los tuyos. Este libro no sería realidad sin el apoyo incondicional de mi familia, tal y como adelantaba en la dedicatoria en las primeras páginas. Mi madre y mi padre siempre me apoyaron en esta aventura, y este libro es una de tantas materializaciones de ese apoyo. Sin ellos, sin mis hermanas Julia y Mari Carmen, mis sobrinos Octavio, Julia y Pablo y mi cuñado Octavio, no sería capaz de seguir adelante con tantos proyectos. Tampoco sería capaz sin el apoyo incondicional de Iñaki y de mis mejores amigos. Gracias, Mikel, Brais, Javi, Andrés, Sara, Bea, Salem, Jorge, Dani, Carlos, Elena, Adri y Oscar. A algunos y algunas no os veo tan frecuentemente como hace años, pero habéis contribuido tanto a que yo sea el que firma este libro, que es justo mencionaros.

Mi camino profesional empezó en la Universidad de Valencia, y sin el apoyo y guía de gente como Plini, Paco, Carlos, Ana, Anita, Marga o Maite, tampoco estaría aquí. Mi gran inspiración para abordar este libro, y responsable de que tuviera pánico a las comparaciones, es José Luis Sanz. Gracias por haberme enseñado tanto. De mi paso por Teruel quedaré siempre en deuda con todo lo aprendido de Luis, Rafa y Alberto. También han contribuido a convertirme en el paleontólogo que soy mis colegas de Geosfera, Paleoymás y la Cátedra de Paleontología de La Rioja. Gracias, Angélica, por tenderme la mano siempre. Gracias a Adán, Ane, Páramo, Fernando, a todo el equipo del Grupo de Biología Evolutiva de la UNED con Patxi a su cabeza por abrirme la puerta a cada proyecto, excavación y prospección. Gracias a Luis, Alberto y Marcos de la Universidad Isabel I por vuestra confianza en mí como docente. También a la Sociedad Española de Paleontología, especialmente a su Junta Directiva,

Vivimos una época difícil y surrealista, y en esta circunstancia, ha habido faros que me han alumbrado. Uno de ellos es Áncora. Gracias Ximo, Ixone, Carlos, Mar, Jordi y Alex. Por devolverme la sonrisa ante el trabajo de campo (o playa) y recordarme que los arqueólogos y los paleontólogos somos hermanos. Gracias a Dani, María, Pedro, Ana, Davinia y todo el equipo de la Cueva de los Toriles. Reventar piedras y excavar en estos últimos meses ha sido muy terapéutico, así que gracias por dejarme formar parte de esta aventura.

En unos tiempos como los que nos ha tocado vivir, la resiliencia ha sido una cualidad muy necesaria. Y mi resiliencia se ha ido cultivando gracias a la práctica deportiva desde hace años. Desde mis tiempos de flanker, cuando aprendí que un jugador de rugby finge no estar herido para seguir en el partido. Gracias a mis antiguos compañeros del C.R. Teruel por todo aquello. Y por los terceros tiempos. Y a Molina, obviamente. Gracias también a todos mis entrenadores y compañeros y compañeras de entrenamiento de todos estos años. Aarón, Ginés, Esther, Alom, Roi, César, Luismi, Sergio, Raul, Javi, Álvaro, a toda la familia de Smart Program, a Guillermo de Mighty Minds, responsable de que mantenga la cordura en tiempos de ansiedad (por favor, cuidad vuestra mente y buscad ayuda SIEMPRE). A Anabel, mi hermanita del mundo crosfitero. A Oscar, Andrea y el resto del equipo de BSE por su valioso asesoramiento y gestión de mi trabajo.

A Ana, mi editora, por la oportunidad de escribir un libro así. Hacía mucho tiempo que no me encontraba en la situación de escribir uno yo solo, pero por suerte en los últimos tiempos he aprendido mucho acerca de este proceso de gente como Sara y Nacho, mis compañeros jurásicos. Este libro tampoco sería el mismo sin mis influencias en divulgación científica. Y por eso quiero agradecer a mis compañeros y compañeras de Scenio por la comunidad divulgativa que ha creado. Gracias Nebesu, Javi, Santi, Will, Peter, Adrián, Crespo y demás. A mis Dinobusters *et al.*, por cada rato de risas y grabaciones de podcast. Gracias Dani y Carlos, pero también Elena y Álex por dejarse liar constantemente para hablar de terópodos, cerebros, o poner voces. A Guille por enrolarme en el aún naciente proyecto de Andera con otros buenos amigos como Nahúm, Jesús o Alex. Gracias a todas las personas que formáis parte de cada uno de estos proyectos. Espero al menos haber mencionado a los paraguas bajo los que estéis todos y todas.

También tengo que dar gracias a todas las personas que me están apoyando a crear contenidos divulgativos, ya sea a través de Patreon o de Youtube. Gracias Christoforos Nakis, Marcos Iturat, Miguel Ángel, Carolina González, Josué García, Miguel Manzano, Alejandro Gascón, Carlos Fdez., Daniel Calamonte, Victor Martínez, Sergio Pozo, Alejandro Torres, Ainhoa, Iván López, Andrés Roughan, Álvaro Rodríguez, Jorge Navarrete, Bernadraconis, Pascual Rodriguez, Jerm Salmond, Faisal Alkhedrawi, Miriam VM, Diego Trujillo Sanz, Danilopithecus Madridensis, DarkSapiens, Salem, Conjunto Vacío, ChimmySaurus, David Sierra, Juan Ramón Fdez, Nebesu, JCampoG, Daniel García García, Thuban Isesi, El Físico Barbudo, Lilith, Gabriel González Cordón, Francisco Ramos, USEBTIS, alanzuti, khain777, Gbsaurio Rex, Alejandro Monge, Albertoceratops, Alex Zucchero, Turèl19, Suricato Conesa, Bruno Álvarez, Agustín Sanz, Kevin Méndez, DinoEsculturas, Carletes Vertical, La mochila del ermitaño, zodiacbergez y Álex Bermúdez.

Por último, a ti que estás leyendo estas líneas. Gracias por apoyar este proyecto. Espero que disfrutes de la lectura de este libro tanto como yo he disfrutado de la aventura de darle forma.

BIBLIOGRAFÍA RECOMENDADA

Sanz, J. L. (2007) *Cazadores de Dragones: historia del descubrimiento e investigación de los dinosaurios*. Barcelona: Ariel.

Poza, B., Galobart, A. y Suñer, M. (eds.) (2008). *Dinosaurios del Levante peninsular*. Sabadell: Institut Català de Paleontologia Miquel Crusafont.

Lucas, S. G. (2006). *Dinosaurios: un libro de texto*. Barcelona: Omega.

Gould, S. J. (1991). *Brontosaurus y la nalga del ministro*. Barcelona: Crítica.

Oliver, A. y Gascó, F. (2018). *La Paleontología en 100 preguntas*. Madrid: Ed. Nowtilus.

Benton, M. J. (1996). *Paleontología y evolución de vertebrados*. Editorial Perfils.

Alcalá, L. (2020). *Dinosaurios de la Península Ibérica*. Madrid: Editorial Susaeta.

Poza, B., Galobart, A. y Suñer, M. (Coords.) (2007). *Dinosaurios del Levante Peninsular*. Sabadell: Institut Català de Paleontologia.

Viera, J.I. y Torres, J.A. (2013). *La Rioja de los dinosaurios*. Igea: Centro de interpretación paleontológica de La Rioja.

Royo-Torres, R. (2008). Los dinosaurios saurópodos en la Península Ibérica. En: *Actas de las IV Jornadas Internacionales sobre Paleontología de Dinosaurios y su Entorno*. Salas de los Infantes, Burgos.

Sanz, J.L. (1999). *Los dinosaurios voladores: historia evolutiva de las aves primitivas*. Madrid: Ediciones Libertarias.

Belinchón, M., Peñalver, E., Montoya, P. y Gascó, F. (2009). *Crónicas de Fósiles: las colecciones paleontológicas del Museo de Ciencias Naturales de Valencia*. Valencia: Ayuntamiento de Valencia.

Laramendi, A y Molina, R. (2016). *Récords y curiosidades de los dinosaurios terópodos*. Barcelona: Editorial Larousse.

Brusatte, S. (2019). *Auge y Caída de los Dinosaurios*. Barcelona: Editorial Debate.

Sanz, J.L. (1999). *Mitología de los Dinosaurios*. Madrid: Editorial Taurus.

López Sanjuán, O. (2017). *Cinezoico: el dinosaurio a través de la historia del cine*. Alicante: Ediciones Rosetta.

Canudo, J.I., Cuenca, G., Badiola, A., Barco, J. L., Gasca, J. M., Cruzado, P. Gómez, D. y Moreno, M. (2009). *Los Dinosaurios de las Cuencas Mineras de Teruel*. Comarca Cuencas Mineras- Teruel.109 pp.

Jay Gould, S. (1989). *La vida maravillosa*. Editorial Crítica, Barcelona. 357 pp.

López Martínez y N., Truyols Santonja, J. (1994). *Paleontología: conceptos y métodos*. Colección Ciencias de la vida. Editorial Sintesis. S.A. 334 pp.

Martínez Pérez, C. (coordinador). *La Evolución de la vida en la Tierra. Actas del I Curso de Paleontología de Macastre*. Ayuntamiento de Macastre.

Meléndez, G. y Molina, A. (2001). *El patrimonio paleontológico en España: Una aproximación somera*. Enseñanza de las Ciencias de la Tierra. (9.2): 160-172.

Morales, J., Abella, J., Antón, M., Diéguez, C., García Paredes, I., Oliver, A., Salesa, M. J., Sánchez, I., M., Sanisidro, O. y Siliceo, G. (2009). *Madrid antes del hombre*. Madrid una historia para todos. Morales, J. y Antón, M. (coordinadores.). Comunidad de Madrid. 72 pp.

Poza, B., Santos-Cubedo, A., Suñer, M. y Vila B. (2009). *Dinosaurios, Lagartos terriblemente grandes- Un paseo por la exposición*. EDC Natura-Fundación Omacha. Patronato de la fundación Blasco de Alagón. 108 pp.

Alcalá, L. (2012). *Dinópolis y la paleontología turolense*. Cartillas turolenses, 27. Teruel: Instituto de Estudios Turolenses.

VV.AA. (2007). *Los dinosaurios en el siglo XXI*. Barcelona: Ediciones Tusquets.